KB106154

옮긴이 김효주
동국대학교 화학과를 졸업하였다. 학부 시절, 전공 공부만큼이나 일본어 공부가 좋아 아마추어 번역가로 활동을 시작했다. 주로 IT 관련 기술 번역 일을 하고 있으며, 이외에도 다양한 장르의 일본 문화 콘텐츠를 소개, 번역하고 있다.

대답하기 곤란한 아이의 질문

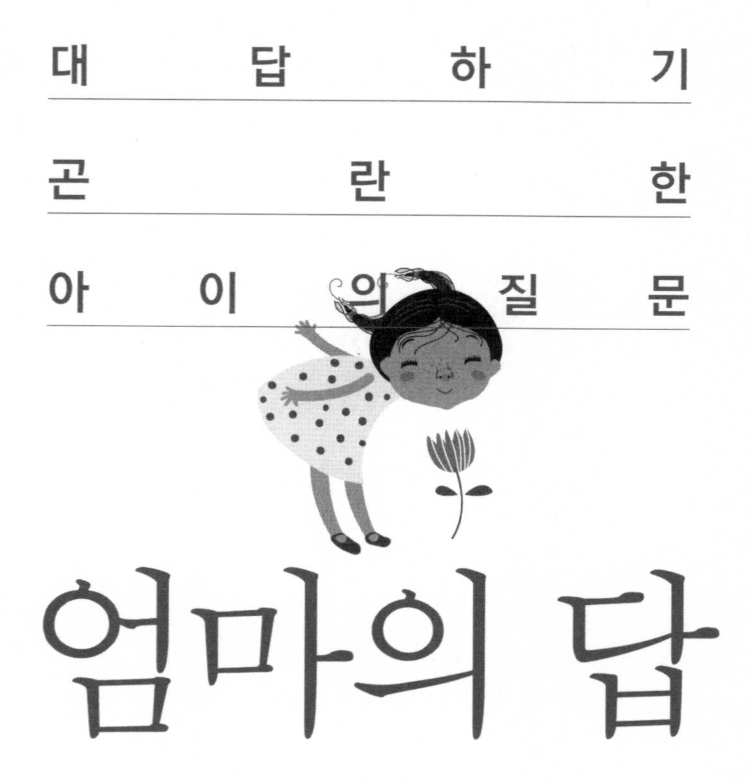

엄마의 답

노야 시게키 지음
김효주 옮김

오늘 하루 당신의 아이가 던진 수많은 질문들 속에서
보다 귀중한 육아의 지혜를 얻을 수 있기를.

prologue

아이와 엄마를 함께 성장시키는 위대한 질문들

삶은 우리에게 끊임없이 앞으로 나아가라고 말한다. 아이를 키우는 일 역시 마찬가지다. 정신없이 밀려드는 집안일과 육아로 하루에도 몇 번씩 '그만!'을 외치고 싶지만 하루 하루 성장하는 아이의 눈빛을 보면서 엄마는 또 한 번 마음을 다잡는다.

나는 그런 엄마들의 시간을 몇 가지 철학적 질문들로 잠시 멈추려고 한다. 철학은 아이와 가장 가까운 모습을 하고 있다. 만약 당신이 육아와 아이에 대한 아주 사소하거나 무거운 고민을 안고 있다면 이 책이 보다 근본적인 해답을 던져 줄 것이다.

가령, 당신이 베란다에서 채소나 야채를 기른다고 해보자. 대부분 어떻게 하면 벌레가 먹지 않을까, 어떻게 하면 더 싱싱하게 키울까는 고민해도 '키운다는 것은 무엇일까'에 대한 생각은 하지 않는다. 그런 질문들은 쓸데없는 상념이 될 만큼 우리는 빠른 속도의 세상에서 살고 있는 것이다.

그러나 철학적 질문들은 그 시간을 멈춰 서게 한다. '키운다는 것은 무엇일까'에 대한 생각을 하기 시작하면 더 멋지고, 더 보기 좋게 키우기 위한 어떤 행위도 하지 않게 된다. 키운다는 것의 본질에 대해 생각하게 되고 '앞으로 나아가라'는 소리에서 벗어나 자유로워지는 것이다. 그것은 마치 일렬로 지나가는 거미들의 행렬에 시선을 뺏겨 그 자리에 서서 꼼짝 않고 지켜보는 어린아이가 되는 일과 같다.

이 책 속에는 아이가 던지는 엉뚱한 질문들에 대한 엄마의 대답이 있는데, 그 대답은 곧 철학자의 대답과 같다. 철학자의 시선으로 생각한 엄마의 대답인 것이다. 더불어 이 시대를 대표하는 위대한 철학자들의 육아 멘토링이 담겨 있다. 그 질문들은 자칫 사소하고 쓸데없어 보이지만 아이가 평생을 살아가는 데 주춧돌이 될만한 중요한 삶의 가치들을 담고 있다.

이제 막 말문이 트이기 시작한 아이가 사소한 듯 던지는 질문에 당신은 어떻게 반응하는가? 당혹스러워하며 넘어가거나 쓸데없는 호기심일 뿐이라며 서둘러 대화를 멈추진 않는가? 엄마의 마음이 아이와 닮아 있을수록 아이는 더 큰 어른으로 성장할 가능성이 높다는 사실을 기억하자. 아이와 엄마를 성장시키는 위대한 질문은 바로 그 지점에서 탄생한다.

어느 날 아이가 생각지도 못한 것을 물어올 때, 보다 똑똑한 아이로 키우고 싶은 욕심에 엄마 자신부터 지쳐갈 때, 좋은 것을 보면 감탄할 줄 알아야 한다는 것과 다른 사람에게 친절해야 한다는 것을 아이에게 가르쳐주고 싶을 때, 그런 순간들이 올 때마다 이 책은 당신에게 아주 중요한 해답을 던져줄 것이다.

육아에 있어 엄마들은 벌거숭이 상태가 될 필요가 있다. 지금의 육아에는 수많은 매체를 통해 주입된 너무 많은 정보들이 둘러싸여 있다.

아마 대부분의 엄마들이 책 속에 담긴 날것과도 같은 질문들을 접했을 때 많이 당황할지도 모른다. 나는 그런 상황이 너무나 안타깝다. 아이를 키우는 목적은 결국 엄마 스스로의 가치관에 부합해야 하고 그러려면 보다 근원적인 질문들로 자신이 무엇을 가장 중요하게 생각하는지 깨달아야 한다.

나는 이 책을 아이와 엄마가 함께 보고, 아이가 잠든 시간에 엄마 홀로 조용히 읽어볼 것을 권한다. 책을 읽고 난 뒤 어른이라는 이유로 아이에게 가르치려고만 했던 교육 방식에서 벗어날 수 있기를 바란다. 더불어 오늘 하루 동안 아이가 던진 수많은 질문들 속에서 보다 귀중한 육아의 힌트를 얻을 수 있기를.

contents

대답하기

곤란한

아이의

21가지 질문들

The Great
Question

나는 언제 어른이 되는 거죠?

아이 say

나는 커서 악어를 무찌를 거예요.
그러려면 빨리 몸이 커져야 하는데 그건 어른이 되는 거래요. 어른이 되면 나는 정말 힘이 세질까요?

엄마 say

어른이 된다는 건 어떤 걸까? 어른이 되면 악어 따위 겁내지 않는 힘이 생기지. 하지만 악어가 배가 고프지 않은지 어디 아프진 않은지 살필 줄 아는 것, 그것이 진짜 어른이 되는 일이란다.

아이는 문득, 어른이 된다

어른이 되는 첫 지점은 소중한 것,
그리운 것, 그리고 곁에 두고 싶은 것이
생기는 순간이다.

—구마노 스미히코

•

아이는 빨리 어른이 되었으면 하는 마음과 어른 따위는
되고 싶지 않다는 마음을 동시에 갖는 존재입니다.
만약 당신의 아이가 "언제 어른이 되나요?"
라는 질문을 했다면
틀림없이 이런 상반된 마음이 존재할 것입니다.
아이에게 물어보세요.
"무엇이 되고 싶고, 무엇이 되고 싶지 않니?"라고요.
아마 아이는 더욱더 엉뚱한 대답들을 쏟아낼 것입니다.
아이에게 어른은 무엇을 의미하는 걸까요?
당신이 생각하는 어른은 무엇인가요?
그것은 단순히 나이가 많고 적음의 문제가 아닙니다.

•

'어른' 이라는 이 애매한 단어에 아이는 대체
어떤 의미와 어떤 생각을 품고 있는 것일까요?
아이가 "그 사람은 고양이야!"라고 말했다면,
'그 사람' 이라고 표현했으니 그 이야기가 사람에 대한 것이라는
사실을 누구나 다 알 수 있습니다.
그렇다면 왜 고양이일까요?
인간은 고양이과에 속하는 동물이 아닐뿐더러
하루 종일 잠을 자며 지낼 수도 없습니다.
그 말에 담긴 아이의 마음은 아마도
"그 사람은 제멋대로다."
정도의 뜻입니다. 이렇듯 아이에게는
어른과는 조금은 다른,
특별한 쓰임법이 있습니다.
아이가 생각하는 어른이란 어떤 것일까를 생각하기 전에
그 점부터 염두에 두면 좋겠지요.

마흔이 넘은 남자에게 '아이' 같다고 말할 때
우리는 말 속에 여러 가지 의미를 담습니다.
그 사람은 가령 도통 일을 안 한다던가,
일은 해도 자신의 업무에 책임지지 않으려 하거나,
상대방의 기분을 함부로 무시하거나 하겠지요.
우리가 사용하는 '아이' 라는 말이 비난의 의미로 표현될 때는
대부분 '자기 마음대로 행동한다' 든가
'자신 이외의 것을 고려하지 않는다' 는 말을
하고 싶을 때입니다. 실제로 아이는 그런 존재입니다.

아이는 '자기 멋대로' 이고 때로는
지독하게 '잔혹' 하기도 하지요.

그럴 수밖에 없는 이유는 무엇일까요?
아이들은 자신 이외의 존재를 전혀 모르고
알 필요도 없기 때문입니다.

•

그렇기에 '잔혹한' 아이들은

어른이 된다는 것의 의미를 상상하지 못합니다.

아이에게 이야기해주세요.

어른이 된다는 것은 단순히 악어를 무찌를 수 있는

힘이 생기는 것이 아니라고.

아니, 그보다 더 큰 힘이 마음속에 자라는 것이라고요.

어른의 첫 시작은 자신만큼 소중한 무엇,
더할 나위 없는 일,
대체할 수 없는 사람,
그것이 무엇인가를 알게 되는 시점입니다.

그때까지는 그저 '어린아이',

어떤 의미에서는 '행복한 아이' 였던 존재가

자신 이외의 물건, 일, 사람을 생각할 수밖에 없게 됩니다.

자신만큼 중요한, 아니 어떻게 보면 자신보다도 소중한

무엇인가를 느껴버리는 것이지요.

진정한 '어른' 이 되기 위해서는
대체할 수 없는 그 어떤 것을 잃어버리고
커다란 무엇인가를 포기하는 경험이 필요합니다.
그때까지 '아이' 였던 존재는 비로소 그 순간,
소중함이나 절실한 그리움 같은 감정들을 느끼게 됩니다.
이런 감정은 어린아이는 이해할 수 없는 것이지요.
당신이 생각하는 소중함, 그리움의 의미를 알려주세요.

손에 넣고 싶은데 닿지 않는 것,
이제는 두 번 다시 돌아오지 않는
시간, 일, 사람,
당신이 이미 깨달은
그것들에 대해서 말입니다.

놀 줄 아는 아이로 키우는 용기

올바른 사람으로 키운다는 것은
특정한 삶의 방식을 가르치는 일이다.

—노야 시게키

•

'한몫'을 한다는 단어가 있습니다.

맡은 일을 정확히 잘 해내는 사람에게 쓰는 표현입니다.

엄마들은 바라지요.

아이가 자라 자신의 삶에서,

이 사회에서 '한몫'을 하는 똘똘한 사람으로 자라기를요.

그래서 되도록 빠르게 무엇이든 배우게 합니다.

아무래도 엄마들에게 한몫을 한다는 것은

남들에게 뒤처지지 않는다는 것을 뜻하나 봅니다.

하지만 우리는 종종 반몫밖에 못하는 어른들을

쉽사리 찾아볼 수 있습니다.

그렇다면 '한몫을 하는 아이'는 어떨까요?

그런 아이는 과연 존재할 수 있을까요?

아이란 대체 어떤 존재일까요?

우리는 나이가 어리다는 의미로 '아이'라는 표현을 씁니다.
그렇지만 나이가 들면 아이가 된다는 말도 있지 않은가요.
그런 경우를 보면 아이라는 것은
단순히 나이가 적다는 뜻이 아니라
어린 사람에게 전형적으로 보이면서
노인도 가지고 있는 그 어떤 특징을 말하는 것이겠지요.
그렇다면 그 특징이란 무엇일까요?

•

나는 그것이 '놀이'라고 생각합니다.

놀이를 시간 낭비라고 생각하고,

체면이 깎이는 일이라고 생각하는 것은

어른들 뿐입니다.

물론 '노는' 어른도 있겠지만,

아이는 더 많은 놀이를 합니다.

놀이는 아이들의 생활 속에서 가장 중요한 것입니다.

놀이를 할 때는 실수를 해도

웃고 지나갈 수가 있어요.

엄격한 현실을 벗어난 곳에서

자신의 여러 가지 가능성을 시험해보고 실패도 경험합니다.

또한 그런 실패를 웃음으로 날려버리며
아이는 긍정과 자신감을 배웁니다.

바로 그것이 아이에게는
이른바 사회로 나아가기 위한 예행 연습입니다.
사회에 나가면 자신의 행동에 책임을 지며
이제 모든 것이 놀이로만은 끝나지 않게 될 것임을 배웁니다.
아이는 비로소 엄마의 품을 떠나 어른이 되지요.
어린 시절 놀이를 통해 실수와 웃음을 배운 아이는
사회 전체를 큰 놀이로 바라봅니다.
실패하면 당장은 힘들겠지만 이윽고 순조로이 지나갑니다.
이 세상을, 그리고 인생을 놀이하듯이
보내겠다는 삶의 방식이 존재하는 것입니다.
'한몫을 하는 사람' 은 바로 이런 태도가
몸에 배인 사람을 말합니다.
그들은 항상 깨어 있는 시선으로 사회를 바라봅니다.
부모에게 진지하게 놀이를 배우고,
인정받았던 것처럼 씩씩하게
자신의 삶을 살아갑니다.

•

아이가 빨리 어른이 되고 싶어 한다면

지금보다 더 많이 놀게 해줘야 합니다.

더 많이 넘어지게 하고

더 자주, 아이의 성공을 인정해주세요.

엄마가 생각지도 못한 시점에

그것도 눈 깜짝 할 사이에 아이는

어른이 되어 있을 것입니다.

어른이 된다는 것이 무엇인지,

어른은 언제쯤 되는지를 알려주는 가장 좋은 방법은

깨달을 수 있는 상황을 주는 것입니다.

위대한 엄마를 위한
철학자의 조언

아이가 생각하는 어른 VS 엄마가 생각하는 어른

아이에게 어른이란 지금 자신이 할 수 없는 일을 할 줄 아는 사람입니다. 아주 단순하지요. 그래서 아이들은 만화 속 자신이 동경하는 주인공처럼 되는 것이 곧 어른이 되는 일이라 생각합니다. 나에게는 없는 특별한 힘이나 능력이 생기는 것, 나는 하지 못하는데 아빠나 엄마는 하는 것, 그것을 어른의 의미로 인식합니다. 어른이 무엇인지 그 의미를 진짜 알 수만 있다면 얼마나 좋을까요. 그렇다면 아이는 아마 어른이 되는 일을 스스로 거부할지도 모르겠습니다. 더 많이 배운 사람이 아닌 더 자주 낙관하고 자신을 믿을 줄 아는 사람으로 자라게 해주세요. 책임진다는 게 무엇인지 알고 실패를 즐길 줄 아는, 아이 자신이 되고 싶은 어른은 바로 그런 모습일 테니까요.

The Great
Question

나는 커서 무엇이 될까요?

아이 say

나는 커서 과학자도 되고 싶고 개그맨도 되고 싶어요.
그런데 하루 자고 나면 대통령이 되고 싶고
또 어떤 날은 경찰관이 되고 싶기도 해요.

엄마 say

엄마도 어렸을 때 매일 매일 꿈이 바뀌었단다.
문방구 주인이나 비행기 조종사가 되고 싶었어.
간호사나 선생님을 꿈꾼 적도 있지.
하지만 엄마가 되리라고는 단 한 번도 상상하지 못했단다.

꿈을 칭찬받는 즐거움

자고 일어나 매일 새로운 꿈을 꾸는 아이라면
당신이 걱정해야 할 일은 아무것도 없다.

—시게다 기요카즈

•

하루 자고 일어나면 아이는 개그맨이 되었다가
선생님이 되었다가 합니다. 문구점 주인이 되었다가
소방관이 되었다가 정신이 하나도 없습니다.
아이는 매일이 새로운데
엄마에겐 그저 바뀐 또 하나의 꿈일 뿐입니다.

이렇듯 움직이는 아이의 시간과
멈춰버린 엄마의 시간이 부딪칠 때가 있습니다.

나는 엄마들에게 늘 깨어 있으라고 말해주고 싶습니다.
아이를 향해서 온 정신을 쏟고 있지만
사실 '멈춰 있는' 엄마들을 나는 자주 보았습니다.
그들은 너무도 성실하게 자신의 역할을 이행할 뿐
아이의 행동이나 말에는 관심을 기울이지 않습니다.

•

칭찬은 누구에게나 기분 좋은 일입니다.

전날 선생님이 되겠다던 아이가

자고 일어나 갑자기 소방관이 되겠다고 한다면

기꺼이 그 꿈을 칭찬해주세요.

크게 감탄해주세요.

정말 멋지겠구나! 하며 반응해주세요.

조금 호들갑스럽더라도 괜찮습니다.

엄마의 반응은 아이의 상상력과 기분을

최고조로 이르게 하는 마법과 같으니까요.

하지만 대부분의 경우 크게 소리 내 감탄하지 못합니다.

아마도 사람은 자라면서 감정을 표현하는

중요한 선 하나를 잃어버린 것 같습니다.

•

어릴 적 우리는 내가 어떤 사람이 되리라
생각하지 못합니다.
그저 맹목적으로 어떤 이미지에 각인되어
무엇이 되고 싶은 것이지요.
힘차게 뿜어져 나오는 물이 멋있어서 소방관이 되고 싶고,
좋아하는 색연필과 장난감을 실컷 가질 수 있어서
문방구 주인이 되고 싶었을 겁니다.
매일 당신의 아이가 새로 태어난 듯 반짝이는 눈으로
'바뀌어버린' 꿈을 이야기한다면
당신이 해야 할 일은 아무것도 없습니다.

그저 아이가 즐거울 수 있도록
온 힘을 다해 칭찬해주는 것 이외에는 말이죠.

꿈은 아이 자신의 것이다

엄마와 아이의 꿈이 달라지는 순간
아이에게 사춘기가 시작된다.

—구마노 스미히코

•

아이가 태어나는 순간 엄마의 꿈도 그곳에서 탄생합니다.
엄마는 아이와 한 몸이 되어 그 꿈을 향해 달려갑니다.
아무리 힘들고 지쳐도 멈추거나 포기할 수 없는 이유는
나의 꿈이 곧 아이의 꿈이기도 하기 때문이지요.
하지만 모두가 그렇듯 아이와 엄마의 꿈이 달라지는
순간이 옵니다. 우리는 그때를 '사춘기'라 부릅니다.
사춘기가 시작되면 엄마들은 아이에게 배신감을 느낍니다.
지금까지 같은 꿈을 꾸다가 갑자기 자신만의 세계로
숨어버린 아이가 당혹스럽습니다.
그렇게 엄마는 이제 자신만의 것이 된 꿈을 움켜쥐고
아이의 등 뒤에 서 있습니다.
참으로 쓸쓸한 광경입니다.

꿈이 달라지는 것은 엄마 쪽이 아닌
아이 쪽인 것이 대부분입니다.
나는 엄마들에게 되도록 아이와 같은 꿈을 꾸라고
말해주고 싶습니다. 그것은 양보가 아닙니다.
처음부터 그 꿈은 아이의 것이기 때문이지요.
아이의 몸이 너무 작아 잠시 나누어 지니고 있다가,
몸이 자란 아이에게 꿈을 넘겨주는 것뿐입니다.
그 모습이 어떻든 그것은 결국 아이의 몫입니다.
평생을 대신 살아줄 것처럼 아이를 대하지 마세요.
우리의 할 일은 그저 선택과 책임을
가르치는 일이 되어야 합니다.

•

꿈은 꿈꾸는 자의 것입니다.
선택에서 오는 두려움,
과정에서 오는 고난,
결과로부터 오는 깨달음.
모두 꿈의 주인이 누려야 할 것들이지요.
그것들을 부모가 대신 해주려 한다면
아이는 앞으로 자신의 인생을 책임지는 데
큰 어려움이 생길 것입니다.
아이가 꿈을 꾼다는 것은
그 자체로도 무척 놀라운 일입니다.
되고 싶은 것이 없고, 하고 싶은 것이 없는 아이가
얼마나 많은가요. 아이가 꿈의 주인이 될 수 있게 해주세요.
주인은 자신의 것을 함부로 대하지 않는 법이니까요.

위대한 엄마를 위한
철학자의 조언

어릴 적 엄마의 꿈을 들려주세요

아이는 부모의 어릴 적 이야기를 듣는 것을 좋아합니다. 우리도 그렇지 않았던가요. 아이와 꿈에 대해 이야기하다 보면 어느덧 자신도 잊고 지낸 동심의 시간으로 돌아가게 됩니다. 무척 즐겁고 감동적인 경험이지요. 아이를 키우는 부모들만이 느낄 수 있는 특권이기도 합니다. 어릴 적 당신의 꿈은 무엇이었나요? 옛날보다 요즘 아이들의 꿈은 훨씬 더 다양해진 것 같습니다. 할머니댁에 놀러가 3대가 모여 앉아 어릴 적 꿈에 대해 이야기해도 참 좋을 것 같습니다. 내 아이와 나뿐만 아니라 내 부모님에게도 꿈이 있었다는 사실을 너무 많은 사람들이 자주 잊어버리곤 하니까요.

The Great
Question

아름다운 건 지켜줘야 하나요?

아이 say

지나가다가 꽃을 봤는데 너무 예뻤어요.
가져가려고 꺾으려는데 그러면 꽃이 아프데요.
아름다운 건 그냥 두고 보는 거라는데
그게 무슨 뜻일까요?

엄마 say

아름다운 것을 보면 갖고 싶어지지.
그건 엄마도 마찬가지란다. 하지만 꺾지 않고 그 모습 그대로 바라보지. 다치게 하지 않고, 아프게 하지 않는 거야.
어른들은 그것을 '사랑' 이라고 부른단다.

사랑을 가르쳐라

아름다운 것에 대한 욕망은
놀랍게도 아이가 어른보다 더 강하다.

—간자키 시게루

•

우리는 수많은 아름다운 순간과 마주합니다.
어느 봄날, 활짝 피어 있는 벚꽃을 보고 탄성을 지르고
아주 추운 겨울날, 쾌청한 아침에 새하얗게 눈이 내린
저 먼 산을 바라보며 아름답다고 외칩니다.
그 아름다운 광경을 옆에 둘 수만 있다면 얼마나 좋을까요.
이따금씩 꽃을 꺾어 방 안에 꽂아두기도 하지만
며칠 가지 못 하고 금방 시들어버립니다.
시든 꽃을 바라보며 우리는 미안한 마음이 듭니다.

그것을 그곳에 뒀어야 한다는 걸
이미 알고 있기 때문이지요.

•

아이 역시 세상에 태어나
수많은 아름다운 것들과 조우합니다.
본능적으로 그것에 가까이 다가가고 손으로 쥐려하지요.
누군가 알려준 것은 아닙니다.
아름다운 것을 갖고 싶어 하는 마음은 인간의 자연스러운
욕망이며 그 욕망은 아이가 어른보다 강렬합니다.
예쁜 것을 보았을 때 망설임 없이 그것의 질서를 무너뜨리고
손을 뻗으려는 아이에게 당신은 어떤 태도를 보이나요?

아이에게 가르치기 가장 어려운 것이 있다면
그것은 바로 '사랑' 입니다.

아이와 함께하는 많은 순간들 속에서 아빠가,
그리고 엄마가 알려주고 싶은 것도 바로 '사랑' 이지요.
사랑을 아는 아이로 키울 수 있다면
육아의 모든 것을 잘 해낸 셈입니다.

•

꽃은 꺾는 것이 아니라
그대로 두고 보는 것이라는 사실을 알게 된 아이는
꽃을 볼 때마다 그 이야기를 하게 될 것입니다.
엄마와 다시 그 길을 걷다가
"엄마 꽃은 그대로 두고 보는 거죠?"라고
다시 한 번 자신이 배운 것을 확인하려 하지요.
아이는 얼마나 착한 존재인가요.
잔혹하거나 이기적인 존재였던 아이는
사랑을 배운 뒤 이토록 착한 존재가 됩니다.
사랑을 가르치세요.

갓 태어난 강아지는 함부로 움켜쥐면 안 된다고,
어항 속 물고기는 하루에
세 번쯤은 들여다 봐야 한다고,
개구리나 잠자리를 잡았다면
다시 놓아줘야 한다고 말입니다.

아름다움을 발견할 수 있는 감성

어른이 결코 따라갈 수 없는 것이 있는데
바로 아이의 감성이다.

—스즈키 이즈미

•

숨 막히게 아름다운 풍경 앞에서 어른은 말을 잃고 아이는
시끄러워집니다. 얼마나 흥미로운 광경인가요.
자신이 받은 감동을 그대로 표현할 수 있는 감성은
살아가는 데 있어 대단히 중요합니다.
어떤 엄마들은 아이가 자신이 감정을 솔직하게 드러내는 일에
'진중하지 못한 아이가 되진 않을까?
'집중력이 떨어지는 건 아닐까?' 하는 등의
참으로 이상스러운 고민을 합니다.
아이가 어른스럽게 굴지 않고 아이답게 군다고
걱정하는 것과 무엇이 다를까요.

아이가 자주 감탄사를 터뜨린다는 것은
세상에 자주 감동받고 있다는 증거입니다.
아름다움에 반응할 수 있는 감성을 가지고 태어난 것입니다.
지식은 가르칠 수 있지만 감성은 절대로 가르칠 수 없지요.
흉내는 낼 수 있습니다.
아이가 흥미를 느끼지 않는
미술이나 음악을 억지로 접하게 하는 것이
바로 흉내 내기 식 교육입니다.
이해하지도 못하는 클래식을 틀어주며
아이의 감성이 자라기를 바라는 대신
아이와 함께 아름다운 것들을 보러 다니세요.
아름답다는 게 뭔지 직접 보게 하고
그것들을 어떻게 대해야 하는지 가르쳐주세요.

•

아름다운 수만 가지의 것들 중에서

가장 아름다운 것이 무엇일까요.

그것은 바로 사람입니다.

철학자인 나도 그것까지 아이에게 알려주기란

어려울 것 같습니다. 그것은 아이가 좀 더 자라

스스로 깨닫는 순간이 올 때까지 기다려야 할 것 같군요.

가끔 아이를 키우는 게 힘에 겨운가요?

아이를 키운다는 것은

사람이 사람을 키우는 일,

아름다움이 또 다른 아름다움을 길러내는 일입니다.

그 무엇에도 흔들리거나 무너지지 마세요.

위대한 엄마를 위한
철학자의 조언

하루에 하나,
아름다운 것들 찾아보기

아름다운 것들은 눈에 보이는 것에만 국한되지는 않습니다. 한 단계 더 높여 아름다운 상황, 아름다운 말, 아름다운 향기 같은 것들도 있지요. 아이와 함께 하루에 하나씩 아름다운 것들을 찾아보는 건 어떨까요. 아이의 시선에서 아름답다는 의미는 무엇인지, 엄마의 시선에서 아름다움은 또 어떤 의미인지 생각해보세요. 무엇이 아름다웠는지 아이에게 먼저 묻고, 그것이 왜 아름다웠는지를 함께 이야기해보는 것입니다. 엄마도 하루 중 아름다웠던 것을 아이에게 이야기해주세요. 아이의 감성은 호수와 같아서 작은 자극에도 금방 파장을 일으킵니다. 상상력과 창의력은 바로 그곳에서 탄생합니다.

The Great Question

사람이 죽으면 어디로 가나요?

아이 say

오늘 부모님이 돌아가시는 상상을 했는데 너무 무서워서 눈물이 멈추지 않았어요. 캄캄한 방 안에 혼자 있는 것 같은 기분이 들어요. 죽는다는 건 뭔가요?

엄마 say

좋은 꿈을 꾸기 위해 잠시 잠들어 있는 것,
그게 바로 죽음이라는 거란다. 그 사람이 행복한 꿈에서
깨지 않게 우리는 너무 크게 울면 안 되는 거야.

아이는 생각보다 죽음을 쉽게 이해한다

죽는다는 것은 사라지는 것이 아니다.
아이는 그것을 어른보다 쉽게 이해한다.

—시미즈 데쓰로

•

중요한 사람을 잃는 슬픔은 아마도
학습이 필요하지 않은 일인가 봅니다.
아이는 죽음이 무엇인지,
왜 죽어야 하는지 도통 이해할 수 없습니다.
죽음을 조금도 이해하지 못한 상황에서 순식간에
죽음과 마주하게 되지요.
처음에 아이는 죽음을 단순한 헤어짐으로 받아들입니다.
키우던 작은 병아리가 더 이상 움직이지 않으면,
병아리가 잠시 먼 곳으로 여행을 떠난 것이라 믿습니다.
그런 아이가 죽음에 대해 물었다면 아이가 궁금한 것은
"죽은 병아리는 그럼 어디로 가나요?"일 겁니다.

•

아이는 죽음으로 인해 그 '상대'가 사라진다고
생각하지 않습니다.
그것은 너무나도 당연한 일입니다.
수많은 어른이 아이에게 죽음을 이해시키려 할 때
"누군가 아주 멀리 멀리 가는 거야."라고
말하곤 합니다. 바로 그 지점과 같습니다.

지금의 나와 멀어지는 것,
그것이 아이에게 바로 죽음이기 때문이겠지요.

내가 부르면 늘 그곳에 있고 가끔은 다투기도 했다가
다시 사이가 좋아지는 그런 관계를 유지해온
'상대'를 잃은 슬픔은 어른들도 감당하기 힘든 일입니다.
그래서 아마 누군가가 죽음 이후의 세계를
만든 것일지도 모르겠습니다.

•

아이와 죽음에 대해 이야기해야 할 순간이 온다면

그것을 잠에 비유해보세요.

좋은 꿈을 꾸기 위해서

아주 깊은 잠에 든 것이라고,

커다란 고민거리를 해결하기 위해

잠시 잠에 빠진 것뿐이라고 말입니다.

공포와 두려움으로 아이가 울음을 멈추지 않는다면

조용히 다독여주세요.

그 사람이 행복한 꿈에서 깨지 않게

너무 자주 그 사람을 부르거나,

너무 큰 소리로 울면 안 된다고 이야기해주세요.

단언컨대

동화는 어른들이 아이를 사랑하는

가장 아름다운 방식임을 기억하세요.

•

당신은 어쩌면 수학이나 과학을 가르치는 일이
더 낫겠다고 말할지도 모르겠습니다.

하지만 숫자보다 감정과 관계를,
공식보다 진리와 지혜를 가르치는 일에
우리는 더 많은 힘을 쏟아야 합니다.

걱정은 마세요.
먼 훗날 아이가 거짓말을 했다고 해서
당신을 원망하는 일은 절대로 없을 테니까요.

반드시 아름답지 않아도 괜찮다

죽음에 대해 담담해지는 순간
삶의 중요한 가치를 깨닫게 된다.

—아메미야 다미오

•

아이와 죽음에 대해 이야기하는 부모는 많지 않습니다.
누군가 죽거나 무엇인가 상실한 경험이 있지 않고서야
굳이 그 어두운 이야기를 꺼낼 필요가 없다고 생각합니다.
너무도 슬픈 이야기를 가장 아름답게 이야기해줄
자신이 없기 때문입니다.
만약 당신이 아이와 대화할 수 있는 시간이 있다면
먼저 질문해보세요.
"죽는다는 것은 무엇일까?"라고요.
당신은 아이로부터 생각지도 못한 놀라운 대답을
듣게 될지도 모릅니다.

•

많은 부모들은 생각합니다.

그 어떤 질문에 대한 대답도 이미 가지고 있다고요.

하지만 '죽음'에 대한 질문은 그들을 적잖이 당황시킵니다.

낱말카드 한 장을 더 읽어도 모자랄 시간에

왜 그런 것을 묻는지 의아해합니다.

내 아이에게 무슨 문제가 있는 것은 아닌지,

아동심리 전문가를 찾는 사람들도 있습니다.

마치 물어서는 안 될 것을 물은 것처럼

아이를 혼내기도 하지요. 가슴 아픈 일입니다.

어른을 만나면 인사를 해야 한다거나,

친구들에게 친절해야 한다거나,

신발은 항상 가지런히 벗어두어야 한다는 것과

죽음이란 것은 왜 그렇게 달라야 하는 것일까요?

사람이 죽는 것에 대한 이야기가 어렵다면
꽃이나 태양, 나무, 나비, 작은 벌레와 같은 것의
죽음부터 이야기해보세요.
아이는 그들에게도 자신과 같이
아침과 밤이 존재한다는 사실을 알게 될 것입니다.

환하게 빛이 가득한 대낮에 피어 있는
꽃을 만져보게 하고,
떨어져 말라버린 꽃잎도 만져보게 하세요.
매미가 벗어버린 허물과
작은 개구리의 무덤도 함께 만져보세요.

죽음이란 반드시 어둡고 슬픈 것만은 아님을
아이에게 가르쳐주세요.

•

죽음을 이야기할 때

반드시 아름답게 미화할 필요는 없습니다.

강한 아이로 키운다는 명목으로

아이에게 죽음을 설득시키려는 태도 역시 좋지 않지요.

그것은 마치 아직 이가 자라지 않은 아이에게

강제로 고기를 먹이려는 것과 같습니다.

아이는 자신의 키,

딱 그만큼의 시선으로 세상을 바라봅니다.

높아 보이던 철봉에 처음으로 손이 닿았을 때

세상은 딱 그만큼 넓어지기 마련이니까요.

위대한 엄마를 위한
철학자의 조언

쉽게 무언가와
헤어지지 못하는 아이라면

그런 아이들이 있습니다. 유독 헤어짐에 약한, 무언가와 멀어지는 순간 울음부터 터뜨리는 아이 말입니다. 내 아이가 마음이 약하다며 가볍게 넘어가거나 강하게 키운다며 아이를 훈육하는 경우가 대부분인데, 이때는 아이가 왜 그러는지 신중히 고민해봐야 합니다. 부모가 모르는 사이 죽음이나 이별 등에 지나치게 부정적인 이미지가 각인되었기 때문일 수도 있습니다.

가령, 집에서 키우던 강아지가 죽은 일이 부모에게는 쉽게 잊힐 수 있으나 아이에게는 훨씬 더 큰 충격으로 남아 오래 지속될 수 있습니다. 울지 말라고 다그치기 전에 헤어질 때 어떤 기분이 드는지, 그것과 멀어지는 순간 왜 눈물이 나는지 물어보세요. 다 자란 어른도 죽음과 헤어짐을 이해하기엔 아직 힘이 듭니다. 어린 아이가 힘겨워하는 것은 당연한 일입니다.

The Great
Question

공부는 꼭 잘해야 하나요?

아이 say

나는 텔레비전에 나오는 아저씨들처럼 유명하고
훌륭한 사람이 되고 싶어요.
그러려면 공부를 잘해야 한데요.

엄마 say

공책을 펼쳐 보렴. 그리고 그 위에 적어 봐.
네가 무엇을 할 때 가장 즐겁고 신이 나는지. 공책 위에
네가 좋아하는 모든 것을 전부 적는 거야. 그리고 저녁밥을
먹은 뒤 엄마에게 가져오렴. 그리고 큰 소리로 말하는 거야.
"나는 더 이상 책상 앞에 앉아 있기 싫다고요!"

학교에서는 배울 수 없는 것들이 있다

**공부를 좀 못한다고 해서 아이의 삶에
생각처럼 큰일은 일어나지 않는다.**

—쓰치야 겐지

•

배움은 언제나 좋은 것이지요.

하지만 배움의 정도와 양은
아이 자신이 원하는 만큼이어야 합니다.

당신이 아이였을 때 학교에서 배운 것들이
지금 당신의 삶에 얼마만큼의 도움을 주고 있나요?
놀고 싶은 마음을 꾹 참고 한 시간 더 책상에 앉아 외웠던
과학자의 이름이나 수학 공식은 삶의 중요한 순간
얼마만큼 써먹으며 살아가고 있나요?
어느 날 아이가 공부를 왜 잘해야 하느냐고 물으면
당신은 선뜻 대답하지 못 할 수도 있습니다.
어렴풋이 앞으로 너에게 도움이 될 거라고만 말하겠지요.

•

물론 공부를 통해 우리가 배울 수 있는 것들도 많습니다.
풀리지 않는 문제를 붙들고 끝까지 해보려는
인내, 끈기, 그리고 성과 같은 것들이 그렇지요.

학교가 아이에게 가르치는 것들은 그런 것에
좀 더 집중되어야 합니다.

공부를 잘하는 것이 자신의 인생을 잘 살아내는 데
하나의 힘이 될 수는 있어도 척도가 될 수는 없습니다.
모든 아이들이 반드시 공부를 잘할 필요가 없는 것도
그 때문입니다. 공부에 흥미를 느낀다면 부모로서는
기쁘겠지만 다른 것에 흥미를 느낀다면
그것 역시 부모로서는 충분히 감사해야 할 일입니다.

공부를 못하면 금방이라도
인생이 엉망이 될 것처럼 걱정하는 일은
순전히 어른들의 몫입니다.

아이에게 공부를 안 한다고 소리를 치거나
문제를 몇 개 못 맞췄다고 해서 벌을 주는 것만큼
끔찍한 일도 없습니다.
아이가 욕심을 부리며 형제와 먹을 것을 나누려 하지 않을 때,
공공장소에서 소리를 지르며 뛰어다닐 때,
먹는 음식으로 장난을 치려할 때,
친구들과 별일 아닌 일로 다툼이 잦을 때
당신은 어떻게 하나요?
어른들이 아이를 훈육해야 할 때는 바로 그런 때입니다.
하지만 요즘은 정작 공부에 관해선 잔뜩 날을 세우면서도
아이의 버릇에는 관대한 엄마들이 많습니다.

이 아이러니 속에서 아이들은
점차 똑똑한 이기주의자로 자랍니다.

•

아이가 걷고, 처음 말을 시작하고,
사소한 것에도 신기해하며 질문들을 쏟아낼 때
당신은 매일이 다른 아이의 모습에
하루에도 몇 번씩 감동을 받을 겁니다.
무엇을 좋아하는 아이,
어떤 아이로 키우고 싶은가요?

남들보다 똑똑한 사람으로 키우고 싶은 마음이
넘쳐 아이에게 욕심을 부릴 때마다
엄마들은 스스로에게 더 자주 물어야 합니다.
"아이를 키운다는 것은 무엇일까?"라고요.

엄마의 마음속에서 그 질문이 반복될수록
아이와 엄마 모두 행복해질 것입니다.

외우는 것은 배우는 것이 아니다

아이는 작은 돌멩이에서도 배움을 얻는다.
당신은 상상도 하지 못할 일이다.

—사이토 요시미치

•

배운다는 건 무엇을 의미할까요?

배운다는 것이 무언가를 외우는 것이라고 가정해봅시다.

예를 들면 덧셈 방법, 중세 시대의 시작 등 말입니다.

이것들은 외워야 하는 것들입니다.

하지만 그렇다고 해서 '외우는' 것이

반드시 '배우는' 것이라고 단정할 수는 없지요.

왜냐하면 외우는 것은 배우는 것의 결과일 뿐,

다시 말해서 배운 후에 따라오는 것이기는 하지만

배운다는 것 그 자체는 뒤에 따라오는 것과는

별개의 것일지도 모르기 때문입니다.

•

어떤 결과를 얻기 위해 배우고 싶은 거라면
배움은 단연 즐거운 것입니다.
매우 긍정적이지요.
하지만 결과가 원치 않는 방향이라면
그게 무엇이든 배우는 것은 의미가 없습니다.
남들이 아무리 좋다고 하든 내겐 무용지물이지요.

그런 시선으로 공부를 바라본다면 어떨까요.

아이가 스스로 원하고
장래에 도움이 될 것 같은 것은 배우면 되고,
그렇지 않은 것은 좀 소홀히 해도 됩니다.

모든 것을 잘하게 하기 위해
전전긍긍하지 마세요.
남들보다 똑똑하게 잘살기 위해
이것도, 저것도 잘해야 한다며 아이를 괴롭히지 마세요.

뭔가를 더 외우고 배우게 하려고
아이의 시간을 쪼개지 말고 조금이라도
자유롭게 아이를 놀게 하세요.

좀 더 놀라운 공간,
전혀 새로운 사람들 속에 아이의 두세요.
그 시간 속에는 당신이 상상도 하지 못할
더 큰 배움이 가득할 것입니다.

•

아이에 대해 당신은 얼마나 알고 있나요.

아이가 이미 잘하는 것,
잘하고 싶어 하지만 조금 서툰 것,
아이가 노력하려고 하는 것들에 대해
이야기해본 적이 있나요?

아이는 아직 본 적이 없는 것,
봤지만 무엇인지 잘 모르는 것과
더 자주 맞닥뜨려야 합니다.

더불어 아이는
어떻게 하면 좋을지 더 많이 당황해야 하고
그 순간에 부모를 부르다가
스스로 어떤 선택이든 해봐야 합니다.
아이에게 경험이 쌓이기 시작하면 아이는 어디에서
그것이 오는지를 미리 짐작할 수 있습니다.
자신의 선택과 부모의 조언을 통해 이미 알고 있기도 하고요.
바로 그것을 두고 우리는 "배웠다."라고 해야 합니다.

•

해야만 하는 것이 아니라 하고 싶은 것.
외우는 것이 아니라 경험하는 것이

배움의 본질입니다.

머릿속에 오래 남는 지식은
억지로 벼락치기 하듯 공부한 것이 아니겠지요.
배운다는 것은 몸에 익혀지는 것이 아니라
몸에 깃드는 것입니다.
오늘 아이가 어제보다 더 많은 낱말 카드를 읽었나요?
그 모습을 엄마가 좋아했다면
아이는 앞으로 자신이 즐거워서가 아닌
기뻐하는 엄마를 보기 위해
낱말 카드를 읽을지도 모릅니다.

오늘 당신은 아이에게
어떤 배움의 시간을 주었나요?

위대한 엄마를 위한
철학자의 조언

누군가의 위에 서려는 아이로 키우지 마세요

요즘 공부 잘하는 아이는 많아도 남을 배려할 줄 아는 아이, 예절이 바른 아이, 다른 사람과 더불어 살 줄 아는 아이는 참 드문 것 같습니다. 욕심은 또 얼마나 많은가요. 자신의 몫을 손에 쥐고도 울며불며 더 달라고 악을 쓰는 모습을 보고 있노라면 순간 아찔한 마음이 들기도 합니다. 문제가 발생한 상황에서 차근히 스스로의 힘으로 해결하려는 아이 역시 거의 찾아보기 힘들지요. 공부만 잘하면 된다는 생각으로 육아의 대부분을 학습에만 몰두한 결과 똑똑한 이기주의자를 키워낸 것입니다. 사실 우리는 이미 알고 있습니다. 공부를 잘하는 것이 결코 인생의 해답이 될 수 없다는 것을 말입니다. 누군가와 건강하게 경쟁할 수 있는 아이로 키우세요. 자신의 실패에 분한 마음을 갖지 않고 상대의 실패에서 자기만족을 찾지 않는 아이가 결국 더 큰 일을 해냅니다.

The Great Question

인간은 개미보다 특별한가요?

아이 say

왜 어른들은 길을 걸을 때 개미를 살피지 않나요?
무심코 밟혀 죽는 개미를 보면 너무 불쌍해요.
배가 고파서 엄마에게 가던 길인지도 모르잖아요.

엄마 say

어른이 되면 신기하게도 눈이 점점 작아진단다. 그래서 길가에 핀 꽃이나 거리의 개미들이 보이지 않아. 그렇게 되지 않기 위해서 눈을 크게 뜨는 습관을 길러야 해. 나무가 어떻게 서 있는지, 나비가 어느 쪽에서 오는지. 항상 눈을 크게 뜨고 그들을 살펴보렴.

개미 한 마리도 함부로 죽이지 않는 아이

자신이 특별하다는 걸 알아차린 순간
인간은 정말 아무것도 아닌 게 된다.

—치노세 마사키

•

함부로 꽃을 꺾거나 곤충을 잡아 괴롭히는 행동은
그것보다 자신이 우월하다고
생각하는 마음에서 비롯된 것입니다.
이런 아이는 인간관계에 있어서도 자신의
판단 기준에 의해 누군가를 쉽게 무시하고는 합니다.
다툼도 잦지요.
잠자리를 잡아 아무렇지도 않게 괴롭히고
심지어 죽이기까지 하는 아이가 있는가 하면
지나가는 개미에게 길을 비켜주자며 아빠의 손을 이끄는
아이도 있습니다. 무엇이 그 차이를 만드는 걸까요?

•

자신이 우월하다는 것을 알아챈 사람들이
세상에서 벌이는 일들이 얼마나 위험한지
우리는 이미 알고 있지요.
그들은 사람과 사람 사이에서도 우월함을 느낍니다.
아주 오래전부터 인간은 다른 동식물 위에 군림하며
자신을 특별하게 지켜왔습니다.
사람이 특별해진 데 가장 큰 영향을 미친 것이 뭘까요?
그것은 바로 '지성' 입니다.
지성은 생각할 수 있는 능력이지요.
생각하면서 무엇이 옳고 나쁜지를 판단할 수 있기 때문이
인간이 특별해진 것입니다. 하지만 간혹 어떤 어른들은
생각하는 일을 포기한 채 자신의 우월함만 과시합니다.
그들이 부모가 되었을 땐 어떨까요?
아이를 보다 강하게 키운다는 명목으로
경쟁과 승리를 부추기진 않을지 걱정입니다.

•

만약 당신의 아이가
인간과 개미의 차이를 이해하지 못할 때,

개미에게도 엄마가 있다는 사실을 들려주세요.
나무에게도 왁자지껄한 친구들이 있고
하늘을 나는 새들에게도 집이 있다고 말해주세요.

그런 이야기를 들려주는 것만으로도
아이는 무척이나 놀라고 신기해 할 테니까요.
인간에겐 언어가 있고, 인간은 생각할 수 있는 동물이며,
만물의 영장이라는 식의 설명은 아이에겐
전혀 중요하지 않습니다.
이따금씩 자신의 지식을 뽐내며
으스대듯 아이에게 이해시키려고 하는 부모들이 있는데

그것은 아이가 학교에 입학해서도
충분히 들을 수 있는 지루한 이야기일 뿐입니다.

•

우월성을 가지지 않는 것만큼 중요한 것이 있는데
그것은 바로 '교감' 입니다.
간혹 어떤 아이들은 자신이 강아지와 대화를 했다며
자랑스럽게 이야기하곤 합니다.
그 아이는 정말 강아지의 언어를 이해한 걸까요?
그것은 아이가 강아지와 교감을 했다는 것을 뜻합니다.
배가 고플 때 강아지가 낑낑거리는 소리를 듣고
아이는 열심히 상상을 합니다.
언어 없이는 교감하기 힘든 어른들과는 달리
아이들은 언어가 부재하는 상황에서도
충분히 교감할 수 있는 능력이 있습니다.
따라서 아이와 교감이 부족한 엄마라면
언어뿐만 아니라 다른 여러 가지 방법으로
아이와 교감하려 하는 것이 효과적이겠지요.

•

아이가 무언가를 함부로 대한다면 이렇게 물어보세요.

"나무의 기분은 어떨까?"
"개미는 지금 아프지 않을까?"
"잠자리는 어디로 가던 길이었을까?"라고요.

자신이 원하는 것을 행동으로 옮길 때
아이는 지독히도 이기적이 됩니다.
그 어떤 의도를 가지지 않은 이기심.
그것은 아이만이 가진 순수성이지요.
그렇기 때문에 아이가 무엇에 해를 입혔을 때
상대의 기분이 어땠을지까지 생각하지 못합니다.
질문을 통해 대답을 하며 알게 되지요.

아이를 성장시키는 것은 부모의 권리다

아이 스스로 가치 있는 것을 가릴 수 있다면
이제 그 무엇도 걱정하지 마라.

—이세다 데쓰지

•

나는 '권리' 라는 말이 '의무' 라는 말보다
참 좋다고 생각합니다. 가령 '약한 것을 보호할 의무' 보다는
'약한 것을 보호할 권리' 가 왠지 더 능동적이고
책임감도 강하게 느껴집니다. 모든 의무를 권리로
느낄 수 있다면 얼마나 좋을까요.
특히 부모들에게 '아이를 잘 키울 권리' 가 있다면
얼마나 좋을지 생각합니다.
아이를 키우는 일이 의무가 아니라 권리로 느껴질 때
부모는 자신만의 가치관으로 지금보다 더 흔들리지 않는
육아를 할 수 있지 않을까요?

대부분의 사람들이
아이가 어떤 문제에 의문을 품었을 때
바로 답을 알려주려는 태도를 보입니다.
그것이 정답이 아닐 수도 있는데
지나치게 확신을 갖고서 말입니다.
당신은 어린 시절 누군가에게 관계, 예절, 배려,
신중함, 태도 등에 대해 이야기를 들어본 적이 있나요?
짐작하건대 아마도 그건,

횡단보도를 건널 때는 손을 들고 건너야 한다던가
나이가 많은 어른을 만나면
먼저 인사해야 한다는
너무도 뻔한 이야기였을 것입니다.

•

언제부터인가 우리가 정말 알아야 할 것들은
철학이라는 무거운 단어에 가려져
굳이 몰라도 상관없는 이야기들이 되었습니다.
과연, 철학이 아닌 다른 학문으로
세상을 이해할 수 있을까요?
옳고 그름을 판단해야 하는 순간이나 거듭되는 실패로
좌절에 빠졌을 때 수학이나 과학으로 우리는 판단하고,
일어설 수 있을까요?
아이 역시 마찬가지입니다.
철학은 아이와 가장 닮은 학문입니다.
내가 낳았는데 나도 잘 모르겠다는 생각이 든다면
아이의 '말'에 귀를 기울일 필요가 있습니다.
그리고 그 속에 담긴 아주 중요한
철학적 메시지를 깨달아야 합니다.

위대한 엄마를 위한
철학자의 조언

당신은 오늘 아이에게 어떤 질문을 받으셨나요?

가끔 주변에 이런 걱정을 하는 엄마들이 있습니다. 말문이 트이고부터 아이가 엉뚱하고 이상한 질문을 너무 자주 한다는 것입니다. 그럼 아이는 대체 어떤 질문을 해야 할까요? 아이에게는 모든 것이 처음입니다. 질문이 많은 것도 당연하지요. 신맛이 나는 과일도, 톡 쏘는 탄산이 들어간 음료수도, 밤만 되면 캄캄한 하늘 위에 떠 있는 빛나는 무엇도, 신발을 신기 전에 양말을 짝을 맞춰 두 개나 낑낑거리며 신어야 한다는 것도 모두 처음이지요. 우리는 너무 오래 전에 순수성을 잃어버렸습니다. 신맛의 과일에 더 이상 놀라지 않고 밤하늘을 올려다보는 일도 거의 없습니다. 때문에 아이들의 그런 질문들이 낯선 것 아닐까요? 오늘 하루 당신은 얼마나 많이 아이의 질문을 받았나요? 육아에 지친 나머지 아이의 질문이 귀찮다고 느꼈다면 아주 중요한 삶의 지혜를 놓친 것입니다.

The Great
Question

누군가 좋아지는 마음은 어떤 건가요?

아이 say

**어떤 사람을 생각하면 갑자기 기분이 나쁜데
어떤 사람을 생각하면 하루 종일 신나고 기뻐요.
이런 제 마음은 도대체 뭘까요?**

엄마 say

누군가를 생각했을 때 기분이 좋아진다는 것은 그 사람을 마음이라는 그릇에 담기 시작했다는 거란다. 그것은 마치 마법의 세계에 발을 들여놓는 것과 같은 일이지.

좋아하는 감정을 통해 아이는 스스로 성장한다

좋아한다는 것은
새로운 세계에 발을 들여놓는 일이다.

—다지마 마사키

•

아이를 키우다 보면 이런 순간이 꼭 한 번은 찾아옵니다.

한껏 들뜬 얼굴로 엄마에게 달려와서는

'오늘 무엇을 보았는데!'

'오늘 누군가를 새로 사귀었는데!'라며

한참을 그것에 대해 설레는 눈빛으로

재잘재잘 설명하는 아이의 모습.

당신의 아이가 처음으로 무엇인가를 좋아하게 된 것입니다.

좋아하는 대상을 생각하고 그것을 엄마에게 말할 때

아이의 마음속은 신나고,

즐거운 감정들로 가득 찹니다.

•

좋아한다는 것은 무엇일까요?

자신도 모르는 사이,

어느 틈엔가 생기는 마음의 변화입니다.

갑자기 이런 감정을 느끼는 자신에게 깜짝 놀라

당황하는 아이들도 적지 않지요.

처음 느끼는 감정이 조금 생소하긴 하지만

아이는 그런 자신이 전혀 싫지 않습니다.

아니 그렇기는커녕,

약간 자랑스럽기까지 합니다.

그것은 새로운 것을 깨달을 뿐만 아니라

완전히 새로운 세계에 발을 들여놓는 것과 같기 때문이지요.

평상시에 익숙했던 것마저도 새롭게 느껴지고

신선한 것과 처음으로 조우하게 되는 순간이기도 합니다.

다시 말해서,

좋아한다는 기분은 아이로 하여금
자신이 조금 더 성장한 듯한
기분을 느끼게 합니다.

좋아하는 대상은 비단 사람뿐만이 아니죠.
가령, 아이가 축구를 좋아하기 시작했다고 가정해봅니다.
실제로 축구가 좋아지면 그 다음에는
어떤 플레이를 할 것인지
새로운 기술을 시도해볼지를 고민하게 될 것입니다.
장기가 좋아지면 계속 더 두고 싶어서
좀이 쑤시게 되는 어른의 마음과도 같아요.

•

아이는 생각합니다.

결국 그 세계를 몰랐던 이제까지의 자신과

지금까지의 나날은 무척

볼품없고 따분했던 것이구나 하고요.

무언가를 좋아하게 된다는 것은 다음 날부터의 생활이

가슴 설레고 재미있어지는 일입니다.

또한 이제까지 해본 적이 없는 일이

하나씩 일어날 거라는 예감이 부풀어 오르는,

아이에게는 굉장히 다이나믹한 경험이지요.

한층 더 어른이 되었다는 증거이니

스스로 자랑스러운 마음이 드는 것도 당연합니다.

•

아이는 자랑스러운 마음을 누군가에게

마구 이야기하고 싶어집니다.

자신이 좋아하는 무엇인가 생겼다고 알려주고 싶습니다.

비록 상대에게 이야기해도 대부분

잘 이해하지 못하겠지만

이때 아이의 감정을 얼마나 잘 받아주고

이해해주는가가 중요합니다.

실제로 가슴이 설렌다는 것은

스스로 성장하지 않으면 맛볼 수 없는 경험입니다.

만약, 아이가 최근 좋아하는 것이 생겨

잔뜩 들떠 있다면 지금 이 순간

놀라운 속도로 성장하고 있는 것입니다.

아이의 마음은 이랬다저랬다 한다

좋아하는 것을 발견하는 순간
우리는 비로소 나만의 세계를 갖게 된다.

—야마우치 시로

•

밤새 눈이 내리면 세상은 온통 새하얗게 변합니다.
아침에 일어나면 그 아름다운 광경에 놀라곤 하지요.
그와 마찬가지로 누군가를 좋아하게 되면
세상은 갑자기 전혀 다른 모습으로 변합니다.
당신도 이미 경험하지 않았나요.
누군가를 좋아하게 되었을 때 길가에 핀 꽃이 갑자기
눈에 띄거나 스스로의 모습에 더욱 신경 쓰게 되었던.
그러다 문득 고독해지기도 하는 감정을 말입니다.
어른에게도 복잡한 감정인데 하물며 아이에겐 어떨까요?
세상에 태어나 처음 자신이 좋아하는 것과 대면했을 때
자신 안에 모락모락 올라오는 감정들을
설명해줄 누군가가 필요합니다.

'내가 그 사람을 좋아하는 구나' 하고
알게 되는 데는 몇 가지 경험이 필요합니다.
가령, 가슴이 두근거리거나
하루 종일 상대가 떠오른다거나 자꾸 웃음이 난다거나
하는 것들이 그렇습니다.
어디에 있더라도 무엇을 하더라도
그 사람의 모습이 떠오를 때
비로소 좋아하는 마음이 성립됩니다.
하지만 아이는 그런 판단을 내리는 일에 서툽니다.
자꾸 생각이 나는 구나, 두근거리는 구나,
내가 그 사람을 좋아하는 구나 물 흐르듯
자연스럽게 생각하지 못합니다.

그저 엄마에게
떠오르는 일들을 이야기할 뿐입니다.

•

좋아한다는 건 무엇인지 아이에게 물어보세요.
어떤 마음의 상태나 기분일까? 어쩌면 엄청난 사건이 아닐까?
하고요. 아이와 함께 이야기하며 마음에 흘러넘치는
감정들을 스스로 천천히 바라볼 수 있게 해주세요.
좋아하는 것은 누군가 마음에 뿌리를 내리는 일입니다.
그 뿌리가 단단히 자리를 잡는 모습을 지켜봐주세요.
그래야만 먼 훗날 아이가 무언가에 정성을 쏟을 수 있는,
누군가를 마음껏 사랑할 줄 아는
자신의 감정에 솔직한 어른으로 성장하게 됩니다.

좋아하는 마음을 누군가에게 자랑했을 때
칭찬받거나 격려 받지 못한 경험은
아이의 정서에 큰 상처를 남깁니다.

'좋아한다' 라는 것은 축제 혹은
드라마와 비슷한 면이 있습니다.
결코 일상적인 일은 아니지요.
아이는 좋아한다는 감정을 느끼기 시작한 순간부터
그에 따르는 다양한 감정들과 마주하게 될 것입니다.
물론 아이에게는 전혀 낯선 경험이겠지요.

어떤 날은 사랑이 흘러넘쳐 뛸 듯이 신날 것이고
어떤 날은 잔뜩 풀이 죽어 기운이 없을지도 모릅니다.

'좋아한다' 라는 것은 극약이며 맹수와도 같습니다.
무엇에게 마음을 내어준다는 것은 그만큼의
고통이 따를 수도 있다는 사실을,
당신은 아이에게 어떻게 가르쳐줄 건가요?

•

좋아한다는 것은 타인으로부터 주어진 규범성이나
가치에 수동적으로 따라가는 것이 아닙니다.

그것은 스스로 가치를 결정하는 일이며
자신의 세계를 만들고 그 세계에
자신만의 쐐기를 박는 일입니다.

좋아지는 대상에는 인간뿐만 아니라
이 세상의 거의 모든 것이 포함됩니다.
매일 머리 위에 놓인 하늘,
집 앞에 피어 있는 꽃들과 덩그러니 서 있는 나무들,
놀이터에서 재잘대는 새들, 비스듬히 거실에 꽂혀 있는 동화책,
친구에게 선물 받은 지우개도 예외는 아니지요.

그러나 말해주세요.
세상 그 무엇보다 사람을 좋아하게 되는 일이
가장 중요하다는 것을 말입니다.

위대한 엄마를 위한
철학자의 조언

아이와 좋아하는 것에 대해 더 자주 이야기하세요

아이가 '좋아하는' 것과 '싫어하는' 것의 차이를 이해하기 시작했다면, 매일 저녁 식사 후나 잠들기 전 온 가족이 모여 오늘은 어떤 것을 좋아했는지 이야기해보세요. 이때 아이의 이야기만 들을 것이 아니라 아빠와 엄마도 오늘 어떤 것이 좋았는지, 무엇이 좋은지에 대해 이야기해주는 것이 중요합니다. 좋아하는 것에 대해 이야기를 꺼냈다면 그것이 왜 좋은지, 어떤 점이 좋은지, 어떨 때 더 좋은지, 계속해서 물어보세요. 아이는 점점 신이 나서 자신이 좋아하는 것들에 대해 자랑하기 시작할 것입니다. 싫어하는 것은 하루 종일 생각나지 않지만 좋아하는 것은 온종일, 어쩌면 며칠 동안 머릿속에 맴도는 법이지요. 아이가 매순간 그것들로 인해 행복할 수 있도록 함께 기뻐하고 좋아해주세요.

The Great
Question

즐거웠던 시간은 되돌릴 수 없나요

아이 say

우리 집에 덩치가 엄청 큰 삼촌이 놀러왔는데 장난감이랑 액션 가면 가지고 신나게 놀았어요. 그런데 저녁이 되니까 삼촌이 가버렸어요. 나는 좀 더 놀고 싶은데…….

엄마 say

친구들과 함께 부메랑을 던져본 일이 있니?
시간은 마치 부메랑과도 같은 거야. 매일 아침 눈을 뜨면 다시 돌아온단다. 아주 멀리 사라져 영영 오지 않을 것 같지만 말이야. 다시 돌아온 부메랑을 손으로 잡았을 때 어떤 기분이 드는지 느껴보겠니?

아이의 현재는 과거보다 길다

시간을 되돌릴 수 없다는 것을 아는 순간
아이는 망설이기 시작할 것이다.

—노에 게이치

•

엄마에게는 현재보다 과거가 훨씬 깁니다.
더 잘해주지 못한, 생각과는 다르게 아이를 대했던,
많이 안아주거나 웃어주지 못한 죄책감에 사로잡혀
현재가 아닌 과거에 머물곤 하지요.
아이는 어떨까요. 엄마가 과거에 머무는 동안
아이는 현재에 열심히 존재합니다.
어제의 기억은 아이에겐 중요하지 않습니다.
지금 이 순간, 슬프기 싫고
뛸 듯이 즐거웠으면 좋겠다고 여길 뿐입니다.

당신은 아이와 함께 지금 여기,
현재에 머물고 있나요?

•

아이들은 좋은 기억, 즐거웠던 기분을

아주 오랫동안 기억합니다.

아이의 시간이 흐르는 속도는

아마 어른들보다 훨씬 더 느린 것 같습니다.

아이는 과거의 시간에서 좋았던 일들을 다시

현실로 가져오고자 합니다.

엄마는 생각지도 못했던 순간들이

아이에게는 최고의 순간으로 기억될 수 있습니다.

아이의 이야기를 들으면서 엄마는

그때 그렇게 좋았다니 하며 새삼 놀라기도 할 것입니다.

이처럼 같은 공간 안에 있으면서 아이와 엄마의 현재는

너무도 다른 기억을 가질 수 있습니다.

집에 놀러온 삼촌과 즐거운 시간을 보냈다면
그것은 언제고 다시 현재가 될 수 있습니다.
아쉬움에 떼를 쓰거나 우는 아이를
강제로 떼어놓기보다는
언제 다시 오겠다며 약속을 해주는 것도 좋은 방법이겠지요.
시간을 되돌릴 수 없다는 것을 알게 되는 순간부터
우리는 얼마나 수많은 것들을
망설이고 놓쳐버렸나요.
즐거움은 언제고 다시 옵니다.
슬픈 것도 마찬가지입니다.
시간에게도 집이 있어 잠시 되돌아가는 것뿐이라고
우는 아이에게 이야기해주세요.

아이가 좋아하는 일을 함께한다는 것

아이에게 그 순간이 즐거웠던 까닭은
당신과 함께했기 때문이 아닐까.

—나가이 히토시

•

하루 중 얼마나 자주 아이와 즐거운 추억을 만드시나요?
내일이 오는 게 무척 아쉬울 만큼

아이는 지금 이 순간, 오늘을 즐겁게 살고 있나요?

어떤 엄마들은 아이에게 물질적으로 부족함 없이
지원해주면 아이가 행복해질 거라 생각하는 것 같습니다.
옆집 아이도 가지고 있다는 최신 유행하는 장난감이나
한쪽 벽면을 가득 채운 전집들로
삶의 질이 결정되지는 않을 텐데 말입니다.
똑같은 방식과 비슷한 교육관으로 키운다고
모든 아이가 기대하는 모습으로 자라주진 않습니다.

아이와 좀 더 많은 경험을 하려고
노력하는 일도 중요하지만
아이가 어떤 순간에 즐거움과 행복감을 느끼는지를
살펴보는 것도 매우 중요합니다.

'이런 것을 좋아하는 구나.'
'이런 것에 흥미를 느끼는 구나.'

하고 아이를 알게 되면
아이를 키우는 일이 지금보다 훨씬 수월해지지 않을까요.
즐거웠던 일, 좋았던 순간을 다시 경험하는 일은
아이로 하여금 마치 시간을 되돌렸다는
기분을 느끼게 합니다.

과거 시간 속에서 아이가 가장 크게
웃었던 순간은 언제인가요.

그 기억을 찾아내 그것을 아이와 함께하세요.

•

철학자의 시선에서 볼 때 요즘 엄마들은 아이에게
지나칠 정도로 많은 것들을 강요합니다.
남들이 좋다고 하니까, 이 시기를 놓치면 큰일 나니까,
아이를 일류대에 보낸 엄마도 그랬다고 하니까,
저마다 이유도 참 다양합니다.

아이는 마치 하나의 우주와도 같은데
그 우주를 과연 하나의 방식으로
해석하고 이해할 수 있을까요?

내 아이니까 내가 가장 잘 안다고 생각한다면 그것은
아주 어리석은 생각입니다.
근래에 가장 즐거웠던 일이
무엇이었는지 아이에게 물어보세요.
그리고 그 순간을 아이와 함께
그림을 그리듯이 자세히 떠올려보세요.
그리고 바로 그 일을, 아이와 함께 해보세요.

시간은 그렇게 되돌아오는 것입니다.

위대한 엄마를 위한
철학자의 조언

아이와 가끔 시간놀이를 하세요

"시간을 되돌려볼까?"라고 아이에게 말해보세요. 아마 호기심 가득한 눈으로 무척 기뻐할 겁니다. 시간을 되돌리는 일은 아주 간단합니다. 아이의 기억 속에서 가장 즐거웠던 순간을 떠올린 후 그 일을 바로 지금 아이와 다시 해보는 것입니다. 어른인 당신에게는 시시하게 느껴지겠지만 아이는 그 순간의 기쁨을 다시 느낄 수 있다는 것만으로 무척 신날 것입니다. 이것을 시간놀이라고 부르고 일주일에 한 번씩 아이와 시간놀이를 해보세요. 요즘은 장난감이 지나치게 비싸고 똑똑해져서 아이와 놀아주려면 반드시 돈이 필요한 것처럼 느껴지기도 합니다. 지금 이 시간, 결코 되돌릴 수 없지만 내 아이를 위해서는 충분히 되돌릴 수 있는 지금을 마음껏 즐겨보세요.

The Great
Question

사람들은 왜 열심히 일하나요?

아이 say

**아빠는 너무 바빠서 매일 나랑 놀아주지 않아요.
항상 하늘이 캄캄해지고 나서야 집으로 오세요.
열심히 돈을 벌고 오신 거라는데 사람들은 왜 그렇게
돈을 벌어야 하나요?**

엄마 say

사람들이 열심히 일하는 이유는 뭘까? 사랑하는 사람들을
웃게 하고, 그들과 함께 있기 위해서, 때로는 그들을 지키기
위해 일하지. 어른이 되면 반드시 지켜야 할 사람이 생기는데
그러려면 일을 해야 하거든.
오늘 아빠가 집에 오시면 꼭 안아드리자.

노동의 순수함을 가르쳐라

지켜야 할 사람이 없는 이는
구태여 돈을 벌 필요가 없다.

—간자키 시게루

•

매일 아침 출근해 해가 질 때까지 열심히 일하는
근로자들을 보고 있노라면 그 풍경에
이따금씩 가슴이 먹먹해지기도 합니다.
그들이 그토록 열심히 돈을 버는 이유는 뭘까요?
누군가는 이따금씩 "왜 사는 건지 모르겠어."라고 말합니다.
나는 그런 사람들을 만났을 때 대답을 찾기보다는
그 사람의 삶을 물끄러미 응시합니다.
그는 아마도 둘 중 하나일 겁니다.

너무 대단한 이유를 찾고 있거나, 아니면
곁에 소중한 사람이 하나도 없거나.

후자의 이유일 때 삶은 너무나도 서늘해집니다.

•

노동에 의문을 품지 않고 일하는 사람은
삶의 목표가 분명합니다.
아주 심플하고 명확하지요.
그들에게는 지켜야 할 사람들이 있습니다.
그 사람들과 함께해야 할 현재와 미래가 존재합니다.
또한 한 가지 중요한 사실이 있는데,

그들에게는 노동에 의문을 품지 않았던
부모가 존재합니다.

매일 노동에 의문을 품는 부모를 보며 자란 아이들은
노동의 순수성을 이해하지 못합니다.
지켜야 할 것이 없고 지킬 줄도 모르는 어른으로
자랄지도 모르지요.

물론 자기 자신을 위해 일하는 사람들도 많습니다.
현재의 풍요로움과 안전한 나의 노후만을 위해서
일하는 사람들이 바로 그렇지요.
목표는 저마다 다를 수 있습니다.
목표의 형태만 분명하다면
노동은 충분히 순수해질 수 있습니다.

오늘도 무사히 노동을 끝내고
돌아온 밝은 얼굴이 있다면
아이와 함께 기꺼이 안아주세요.
매일 아이와 그 감사함에 대해서 이야기해보세요.

양육은 부모가 자식에게 반드시 해야 할 일이지만
돈에 대해서만큼은
가볍게 생각하지 않도록 교육해야 합니다.

어른들은 일을 하면서 자란다

이유 같은 건 필요 없다.
우리는 과정을 경험하기 위해 태어났다.

—이리후지 모토요시

•

나는 우리가 일하는 이유가 그 과정 속에
무언가를 배우기 위함이라고 생각합니다.
일을 하는 직장은 아이들로 치자면
놀이터와 비슷한 게 아닐까요.
아이들은 자신의 방에서 나와 놀이터라는 공간에서
처음 내가 아닌 다른 사람들과 마주합니다.

처음으로 쭈뼛거리며 인사를 나누고,
양보라는 것도 하게 되지요.

별것 아닌 일로 다투기도 하고 조심성 없이 굴다가
넘어지거나 다치기도 합니다. 어른들에게는 그저 시소나
미끄럼틀 타는 공간일지 모르지만 아이에게는 놀이터가
하나의 사회인 셈입니다.

어른들에게 직장은 이런 놀이터와 같습니다.
쭈뼛거리며 처음 보는 동료에게 인사를 건네고,
속마음 그대로를 말하지 말아야 할 때가 있다는 것도
배우게 됩니다. 좌절이 때로는 패기의 원천이 된다는 것과
때로는 다른 사람의 도움이 절실히 필요하다는 것을
알게 되지요. 방심하다가 실수를 하게 되기도 하고
상사의 말에 상처를 받기도 하면서 말입니다.

아이가 놀이터에서 성장하듯,
어른들은 일을 하며 다시 한 번 자랍니다.

•

매일 일찍 나갔다가 밤늦게 들어오는 아빠의 모습이
아이의 눈에는 얼마나 이상하게 보일까요.
자신과 잘 놀아주지 않는다며 불만에 차 있을지도 모릅니다.
잔뜩 지쳐버린 아빠의 모습을 아이가 헤아릴 수 있다면
얼마나 기특하고 좋을까요.
일만 하는 아빠의 모습에 아이가 의문을 품는다면

아빠도 학교에 다녀오는 거라고 이야기해주세요.
아빠도 하루 종일 숙제를 하고,
선생님한테 혼도 나고, 친구들과 공차기도 하면서
정신없이 보냈다고 말입니다.

조금만 유치해지면 아이에게 많은 것을 가르칠 수 있습니다.

위대한 엄마를 위한
철학자의 조언

소중함을 아는 아이,
가치를 느낄 줄 아는 아이

그 무엇도 쉽게 얻을 수 없다는 사실을 아이에게 가르쳐주는 일은 정말 중요합니다. 그래야 작은 것 하나도 함부로 버리거나 대하지 않아요. 주변에 아주 어릴 적부터 돈의 가치를 가르치겠다며 아이와 심부름 일기를 적는 엄마들이 있습니다. 엄마가 특정 미션을 주면 아이는 그것을 해야 하고, 임무를 완수하면 소정의 용돈을 받는 일이지요. 아무런 대가 없이 달라는 대로 아이에게 용돈을 주는 것보다는 훨씬 현명한 교육 방식입니다. 무엇을 얻기 위해 열심히 또 무언가 해야 한다는 사실을 아는 아이는 소중하게 여겨야 한다는 것과 모든 것엔 나름의 가치가 있다는 사실을 자연스럽게 이해합니다. 머리가 아닌 가슴으로 배워야 하는 삶의 진리이지요.

The Great Question

친구가 된다는 건 뭘까요

아이 say

처음으로 저에게 친구가 생겼어요.
친구가 제 장난감을 자꾸 만지는데 어른들은 친구니까 양보를 해야 한데요. 친구가 된다는 건 뭔가요?

엄마 say

엄마 말고, 너를 기쁘게 하거나 슬프게 할 수 있는 사람.
그게 바로 친구란다. 친구와 달리기를 하다가 넘어지면 아마 잔뜩 화가 나거나 울고 싶어질 거야.
그때 친구가 다가와 손을 내밀 때 그 손을 잡고 일어나 웃을 수 있어야 한단다.

이해하고 싶은 존재가 나타나다

**우리에게 친구라는 존재가 필요한 이유는
너무나도 이기적으로 태어났기 때문이다.**

—도다야마 가즈히사

•

다른 사람이 자신을 이해해주는 일이
얼마나 어려운 것인지 우리는 잘 알고 있습니다.
나 역시 누군가를 완벽하게 이해하지는 못하지요.
사람이 '이해'를 처음 배우게 되는 순간은 언제일까요?
바로 난생처음 친구를 사귀었을 때입니다.
서로 이해한다는 것의 의미, 그 어려운 관계의 방정식을
우리는 친구라는 존재를 통해 배웁니다.
이해하지 못하면 친구가 될 수 없지요.
굳게 마음의 문을 걸어 잠근 사람은 결코
친구를 사귈 수 없습니다.

•

아이는 지극히 이기적인 존재입니다.
본능에 충실하며 그 어떤 배려나 이해심도 없습니다.
그런 아이에게 처음으로 친구가 생겼다면
당신은 온 힘을 다해 그 일을 축하해주고
관심을 쏟아야 합니다.
아이에게 친구가 생겼다는 사실을
어떻게 알 수 있을까요?
간단합니다. 아이가 갑자기 달려와서는
묻지도 않은 말을 잔뜩 쏟아낼 테니까요.

그 애의 이름은 무엇이고, 어디에 살며,
어떻게 생겼는지,
당신은 무척 짧은 시간 내에
그 아이가 좋아하는 음식까지도 알게 될 것입니다.

•

아이에게 친구가 생겼을 때 부모들은 예상치 못한
문제와 마주하게 됩니다.
어느 날 아이는
친구라는 존재 때문에 무척 신이 나 있을 것이고,
또 어떤 날에는 잔뜩 풀이 죽어 있을지도 모릅니다.
그 이유는 간단합니다.
사람이 이해라는 감정을 배우기 전 반드시
거쳐야 하는 단계가 있는데 바로 다툼입니다.
우리는 그것을 갈등이라고 부르지요.

이때 아이의 다툼에 개입하는
부모의 태도에서
아이가 앞으로 친구를 사귀는
방식이 결정됩니다.

•

친구를 사귈 때 아이는 단번에 상대를 이해하지 못합니다.
처음엔 잘 지내다가도 별것도 아닌 일로
하늘이 무너진 듯 울고불고 난리도 아니지요.
기분 좋을 땐 서슴없이 자기 것을 빌려주다가도
뭔가 수가 틀리면 서로 그것을 가지고 놀겠다며
몸싸움을 벌이기도 합니다.
아이가 처음 사귄 친구는 대부분
성장할 때까지 관계를 유지하지 않을 가능성이 높습니다.

아이는 또 다른 아이를 통해
그저 타인과의 관계를 배우는 것뿐입니다.

인간은 너무나도 이기적으로 태어난 존재이니까요.
신은 그래서 인간에게 친구라는 존재를
선물한 것인지도 모르겠습니다.

문제를 함께 공유하게 하라

눈앞에 닥친 문제를 함께 해결하면서
그들은 더욱 돈독해진다.

—후루쇼 마사타카

•

아이는 말문이 트이고, 걷기 시작하면서
수많은 난관과 마주합니다.
둥근 공은 왜 손이 닿지 않는 곳으로 굴러가기만 하는지,
바지는 어디부터 발을 넣어야 할지,
모자는 왜 자꾸 벗겨지는지 도통 알 수가 없습니다.
아이가 문제 상황에 닥쳤을 때 엄마는 답답한 마음에
선뜻 도움의 손길을 내밉니다. 고민하지도 않았는데 문제를
해결한 아이는 다음번에도 엄마가 해결해주기를 기다리겠지요.
이럴 때 친구는 아주 중요한 문제 해결의 동지가 됩니다.

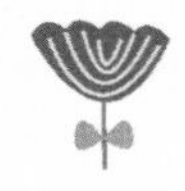

•

아이들은 엉뚱한 만큼 다양합니다.

문제를 해결하려는 방식,

시도해보려는 노력 또한 가지각색입니다.

서로를 관찰하고 바라보는 과정에서 그들은

자연스레 난관을 이겨냅니다.

아이는 친구와 '끈기'를 공유하며 '신뢰'를 쌓지요.

시간은 제법 걸리겠지만 여유를 가지고 아이를 기다려주세요.

아이가 끈기를 배우려면 엄마에게도

끈기가 필요한 법이니까요.

간혹 혼자서 문제를 해결하려고 하는 아이가 있습니다.
다른 사람의 도움을 거부한다기보다는 도움 받는 일을
경험해보지 못했다고 하는 편이 맞겠지요.
그것은 독립심과는 전혀 별개의 문제입니다.
아마 부끄러움이 많거나 내향적인 아이가 아닐까 생각합니다.
아이 스스로 친구를 사귀지 못할 때는 엄마가
약간의 도움을 주는 것도 좋겠지요.
또래의 아이들을 집으로 초대하거나
야외 활동을 하게 하는 것 등이 좋은 방법입니다.
행여 잘 어울릴 수 있을까 걱정하지 마세요.
아이들은 놀라울 정도로 쉽고 빠르게 친밀해집니다.

•

아이라는 존재는 우리에게 무엇일까요?
또 키운다는 것은 어떤 의미일까요?
우리가 아이에게 부리는 욕심과 포부는
과연 누구를 위한 것일까요?

잠든 아이를 바라보고 있노라면 머릿속에는
참으로 여러 가지 질문이 떠오릅니다.
걱정도 이만저만이 아니지요.
하지만 아이는 걱정해야 할 대상이 아니라
인도해야 할 대상입니다.
걷는 것은 아이 스스로의 몫이고,
이따금씩 아이가 주춤거릴 때마다
방향을 잡아주는 것은 어른의 몫입니다.
그렇게 생각하면 육아는
지금보다 훨씬 가벼워지지 않을까요.

위대한 엄마를 위한
철학자의 조언

아이의 친구와 친구가 되어 보세요

지금 내 아이에게 가장 소중한 친구는 누구인가요? 그 아이와 서슴없이 친구가 되어 보세요. 내 아이가 소중한 만큼 그 아이를 챙겨주고 애정을 쏟으면 신기하게도 그 아이를 통해 내 아이를 더 잘 이해할 수 있게 됩니다. 가령, 내 아이가 여자아이인데, 친구가 남자아이라면 남자아이를 키운다는 건 어떤 것인지 간접적으로 배울 수 있는 좋은 기회이기도 합니다. 각자의 아이들이 가진 기질들을 접하다 보면 아이를 키우며 겪게 되는 다양한 순간에 의연하게 대처할 수 있을 것입니다. 유독 아이와 쉽게 친해지지 못하는 어른들이 있는데, 그것은 자신이 어른이라는 사실을 지나치게 인식하고 있기 때문입니다. 시선을 낮추고 가벼워지세요. 아이들은 늘 열려 있습니다.

The Great
Question

엄마는 왜 생각을 하라고 하나요

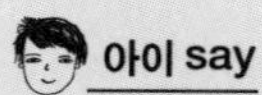

내가 뭘 잘못할 때마다 왜 생각의자에 앉아야 하나요? 그곳에 앉아 창밖을 바라보고 있으면 이상하게 눈물이 나요. 어른들도 생각의자를 가지고 있나요?

엄마 say

어른이 되면 키가 커져서 더 이상 생각의자에 앉을 수 없단다.
대신 각자의 마음속에 생각의자가 생기지.
슬프거나 고약한 일이 생겼을 때마다 어른들도 혼자
그 의자에 앉아 창밖을 본단다.

생각할 줄 아는 아이가 크게 자란다

정확히 생각하는 것보다 깊이 있게 생각해야 한다.
그것은 아이에게 더 쉬운 일이다.

—가시와바타 다쓰야

•

아이에게 생각하는 일은 도무지 어려운 일입니다.
눈으로 볼 수도 없고 손으로 만질 수도 없는
생각을 어떻게 하라는 것일까요?
생각한다는 것은 길이 없는 곳에 길을 만드는 일입니다.

길을 만드는 데는 당연히 힘이 들어가죠.
생각도 마찬가지입니다.

•

아이에게 생각하는 힘을 키워주려면 먼저
생각이란 것을 하도록 이끌어야 합니다.
마치 한 번도 달려본 적 없는 말에게
걷기부터 가르치는 일과 같아요.
땅을 발로 딛고, 지면을 밀어내는 힘으로 앞으로
나아가는 그 느낌을 경험하게 하는 것입니다.
이때 중요한 것은 정확하게 걸음을 내딛는 것이 아니라
걷는다는 그 기분을 깊이 있게 느끼는 것입니다.
정확한 것은 그 다음이지요.

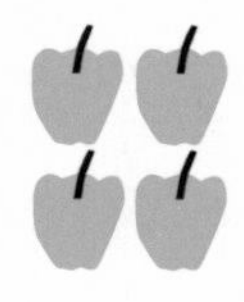

아이들은 질문을 통해 생각하기 시작합니다.

방 안에 레고가 잔뜩 널려 있는데
차곡차곡 정리해나가는 기분으로 말입니다.
가령, 아이가 형제와 다퉜을 때를 떠올려보세요.
우리는 순식간에 솔로몬이 되어 빠른 판단으로
잘잘못을 가려냅니다.
갈등이 발생한 이 상황을 서둘러 정리해주고 싶어 하지요.

중요한 것은 혼내야 할 아이를 구분하는 것이 아니라
이 상황에 대해 아이들 각자가
어떻게 생각하고 있는지를 묻는 일입니다.

어떻게 된 건지 묻고
아이 스스로 생각하게 하세요.
내 행동으로 상대의 기분이 어땠을지,
무엇이 잘못된 행동인지 생각할 수 있는 시간을 줘야 합니다.

•

약간 복잡한 생각을 할 때 나는
방 안을 돌아다니는 습관이 있습니다.
천천히 원을 그리듯이 말입니다.
어느 날 나는 그 방향이 언제나
시계 반대 방향이라는 사실을 알아차렸습니다.
그래서 하루는 일부러 반대 방향으로 돌았는데,
마치 잘못된 방향으로 나사를 돌리는 느낌이 들어
불안하기 짝이 없었습니다. 이렇듯 생각을 위해서 나에게는
늘 돌던 그 방향으로 도는 움직임이 반드시 필요합니다.
생각에는 약간의 도구나 신체적 움직임이 도움이 됩니다.
하물며 아이들은 어떨까요.
생각의 벽이나 생각의 의자는
아직 생각하는 힘이 없는 아이에게 달아주는
자전거 보조 바퀴와도 같은 것입니다.

•

생각은 정확하게 하는 것보다
깊이 있게 하는 것이 중요합니다.
논리는 지혜를 결코 이길 수 없지요.

통찰할 줄 아는 사람은
1+1의 답이 2가 아니라는 것을 이야기할 줄 압니다.

보다 똑똑한 사람으로 키우기 위해서
정확한 사고를 강요하는 이 시대의 교육이 아이들을
정서 불안으로 만드는 원인이라고 나는 단언합니다.
생각에 정답은 없습니다.
보다 많은 부모들이 아이를 나만의 생각을 할 줄 아는,
깊이 있게 상황을 판단할 줄 아는 사람으로 키운다면
이 세상을 지극히 상식적으로 바뀔 것입니다.

관찰하기 시작하면 생각도 자란다

생각해야 한다는 강박관념이 생기면
그 무엇도 떠오르지 않는다.

—노야 시게키

•

지금 눈앞에 무엇이 있나요?
그 무엇이라도 괜찮으니 무언가를 잠시 바라보세요.
바라본다는 것은 그 대상만을 보는 것이 아니라,
무수히 많은 다른 것과의 관계를 보는 일입니다.
책상 위에 한 권의 책이 있다고 가정해보겠습니다.
그 책에는 글을 쓴 사람이 있겠지요.
인쇄를 한 사람들과 그 책을 판매한 서점의 직원들도
존재합니다. 혹은 그 책을 읽는 사람들도 있습니다.
그 책은 헤아릴 수 없이 많은 사람들,
셀 수 없는 무수한 일과 관련되어 있습니다.
그런 관계를 포함해 그 책이 보이는 것입니다.

비로소 그것을 바라보게 되는 것이지요.

매일 지나치는 똑같은 풍경이 있다면
아이와 함께 관찰해보세요.
집 근처, 멀지 않은 곳이면 좋습니다.
무엇인가를 관찰한다는 것은
그때까지 발견하지 못한 무언가를 보게 되는 경험입니다.
집 앞에 서 있는 나무도 오늘 보는 것과
내일 보는 것은 또 다릅니다.
어떤 잎은 더 자랐을 것이고
밤새 내린 비로 잎이 많이 떨어졌을지도 모르지요.
아마 당신보다 아이가 그 변화를 훨씬 더 잘 알아낼 것입니다.
어제와 무엇이 다른지 이야기하다 보면
아이에게 무언가를 관찰하는 습관을 길러줄 수 있습니다.

•

생각해야 한다는 강박에 사로잡혀본 적 있으신가요?
우리는 어린 시절 이런 경험이 있습니다.
공부해야 한다고 생각하고 책상에 앉으면
괜히 딴 짓만 하고 싶어지는 이상한 마음.
생각 역시 강요받게 되면 그 순간부터
머릿속은 백지가 됩니다.
아이가 조금 더 자라면 엄마들이
습관처럼 던지는 말이 있는데 그것은 바로
"너는 왜 그렇게 생각이 없니?"라는 것입니다.
너무 많은 생각을 강요받으면 정작 자연스럽게 흘러나오는
자신만의 생각이 자리 잡을 공간이 없습니다.

생각하지 않는 아이를 꾸짖기 전에
생각이 자리 잡을 공간부터 마련해주는 건 어떨까요.

위대한 엄마를 위한
철학자의 조언

생각하는 엄마가 생각하는 아이를 키웁니다

엄마의 마음속에는 각자 바라는 아이의 모습이 있습니다. 그것은 인성이 좋은 사람일 수도 있고, 공부를 잘해 좋은 직업을 가진 사람일 수도 있겠지요. 만약 당신의 마음속에 키우고 싶은 어떤 상이 있다면 그 모습으로 부모가 먼저 살아가는 것이 가장 확실한 교육입니다. 책을 많이 읽는 아이가 되길 바란다면 엄마 스스로가 책을 가까이 하는 것이 우선입니다. 아빠는 매일 같이 소파에서 텔레비전만 보면서 아이에게 생각 좀 해라, 그림책을 읽어라, 하는 것만큼 우스꽝스러운 광경도 없습니다. 아이에게 줄곧 짜증과 화만 내면서 다른 사람에게는 친절해야 한다, 배려할 줄 알아야 한다고 가르치는 일도 역시 이치에 맞지 않지요. 아이에 대해 정확하게 생각하려 하지 말고 깊이 있게 고민하세요. 그러다보면 아이는 자연스레 당신을 따라올 것입니다.

The Great
Question

친구가 없으면 안 되나요?

아이 say

학교에 가면 친구를 많이 사귀어야 한대요. 생각만 해도 부끄러워서 얼굴이 빨개져요. 나는 이미 친구가 있는데 더 사귀어야 하나요? 어른들은 왜 친구를 많이 만들라고 하는 거죠?

엄마 say

아주 나쁜 일이 생겨서 네가 울고 싶을 때
곁에 아빠나 엄마가 없는 순간이 있을 거야. 그 순간에 네 옆에서 누군가 너를 꼭 안아줄 거야. 우리는 그 사람을 '친구' 라고 부른단다. 곁에 그런 사람이 많으면 좋지 않겠니?

나와 다른 사람과 함께 지내는 법

당신이 가장 경계해야 할 일이 있다면
그것은 아이가 '외톨이'로 자라는 일이다.

—시미즈 데쓰로

•

아이는 친구를 좋아하지만
친구가 왜 필요한지는 알지 못합니다.
친구라는 존재가 자신에게 어떤 의미인지를 생각하기보다는
그로 인해 생기는 자신의 감정을 더 우선시하기 때문이지요.
친구 때문에 기쁘고 친구 때문에 슬퍼지고,

아이에게는 그 감정들이
관계를 이해하는 첫 시작입니다.

만약 인간에게 가족 이외에 소중한 누군가 있다면
그것은 바로 '친구' 이지요.
아이에게도 친구란 굉장히 중요한 존재입니다.

•

대등한 입장에서 생각할 수 있는 누군가 생긴다는 것은
아이로서는 매우 값진 경험입니다.
아이가 처음 친구와 다퉜을 때 잘못의 책임은
모두 상대에게 있다고 여깁니다.
너무나도 서럽고 황당하지요.
친구 사이에서는 작은 일에도 다툼이 일어날 수 있고
그것이 큰 싸움으로 번질 수 있습니다.
다툼은 사람을 사귀는 데 있어 누구나 겪는
자연스러운 일이므로 어느 정도는 경험할 가치가 있습니다.

그 과정에서 나와 다른 사람과 지내는 것이
결코 만만한 일이 아님을
아이는 배우게 됩니다.

자신의 고집을 꺾는 법, 양보하는 법,
속도를 맞추는 법 등은
가족과 함께할 때는 배우기 어렵습니다.
아이를 기준으로 모든 것이 돌아가기 때문에
아이로서는 크게 양보하거나 배려할 필요가 없지요.

친구라는 존재를 통해 아이는 처음
나에게 헌신하지 않는 사람을 만나게 됩니다.

그 사람과 함께하며 자신의 고집을 꺾고
양보를 하며 속도를 맞추게 되는 것이죠.

밥그릇, 의자와도 친구가 될 수 있다

이해할 수 있다면
그것이 무엇이든 친구가 될 수 있다.

—이치노세 마사키

•

당신은 밥그릇과 친구가 될 수 있나요?
매일 당신을 편하게 해주는 의자,
혹은 신발과 친구가 될 수 있나요?
친구가 된다는 것은 그를 소중히 여긴다는 것인데,
밥그릇과 친구가 된다면 밥그릇을 소중히 여기겠지요.
매일 뜨거운 밥을 담아 누군가 그것을 다 먹어
배를 채울 때까지 뜨거움을 견뎌내야 하는
밥그릇의 마음을 아이에게 이야기해주세요.
아이의 눈높이에서 고마움은 그렇게 가르치는 것입니다.

의자는 또 어떤가요.

매일 똑같은 장소에 앉아 지루함을 견디며
누군가 앉아 편히 쉬기를 기다립니다.
너무나 움직이고 싶지만 자신이 움직이면
누군가 편히 쉴 수 없겠지요.

신발도 고생이 많습니다.

기분 좋을 땐 뛰느라 바닥에 쿵쿵 부딪히고
화가 났을 땐 대충 접어 신느라
얼굴이 잔뜩 구겨집니다.
유치원 선생님만 이런 이야기를
할 수 있다고 생각하시나요?

•

그것을 이해하기 시작하면

무엇이든 친구가 될 수 있습니다.

전화기, 가방, 거울, 젓가락, 자동차, 엘리베이터,

주변엔 온통 친구들 투성이입니다.

세상에 외톨이로 살아가기 위해 태어난 아이는 없습니다.

즐거운 철학자가 되세요.

엄마가 철학자의 시선으로 세상을 보는 순간,

육아는 무척 쉽고 가벼운 일상이 됩니다.

위대한 엄마를 위한
철학자의 조언

아이에게 좋은 친구가 되어 주세요

아이에게는 좋은 부모보다 좋은 친구가 어쩌면 더 필요할지도 모르겠습니다. 아이를 낳기 전에는 누구나 친구 같은 아빠, 친구 같은 엄마를 꿈꾸지만 정작 아이를 키우기 시작하면서부터는 '부모'의 틀에서 벗어나지 못하는 것 같습니다. '부모'는 이렇게 해야 한다는 의무감에 사로잡혀 그렇게 해주지 못하는 자신을 다그치며 위축되는 악순환에 빠집니다. 부모가 된다는 것은 절대로 무거운 일이 아닙니다. 어릴 적 처음 친구를 사귀었을 때의 기억을 더듬어 아이와 좋은 친구가 된다면 지금보다 훨씬 가벼워질 수 있을 겁니다.

The Great
Question

다른 사람에게 왜 친절해야 하나요?

아이 say

선생님이 모르는 사람들에게도 항상 친절하게 굴어야 착한 어린이래요. 왜 친하지도 않은 사람에게 친절해야 하죠? 친절하게 대한다는 것은 또 무엇일까요?

엄마 say

오랜만에 좋아하는 친구를 만나면 어떨까?
저절로 웃음이 나오고 기분이 좋을 거야. 친절하다는 건 그런 것이란다. 그 사람을 보며 환하게 웃어주는 것.
네가 웃으면 아마 그 사람도 너를 따라서 웃을 거야.

잘 웃는 아이로 키워라

**미소는 타인을 향한 가장 큰 호의이자
가장 어려운 배려다.**

—사이토 요시미치

•

친절하게 대한다는 것은 어떻게 하면 되는 걸까요?
사실 이것은 보기보다 훨씬 어려운 질문입니다.
가령 동생과 다툰 아이가
엄마에게 혼난 뒤 동생에게 친절하게 대하는 경우
아직 '친절하다' 고 할 수 없습니다.
친절하다는 것은 행동이 아니라
마음에서 비롯되는 것이니까요.
겉모습뿐인 친절은 친절이 아니지요.
친절한 듯 행동할 수 있지만
자연스러운 미소는 나오지 않습니다.

•

어른들은 말합니다.

다른 사람에게는 늘 친절하게 대하고 마음을 써주라고요.

하지만 왜 모르는 사람들에게까지 친절해야 하는지
아이는 도통 이해하지 못합니다.

아이의 마음이 우왕좌왕하는 동안 엄마는 친절을
어떻게 가르쳐야 할지 고민합니다.
어른들의 생각에 친절은 예의범절일 수도 있습니다.
하지만 철학자인 내 생각으로 친절은 웃음입니다.

누군가를 향해서 밝게 웃어주는 것,
그것이야 말로 가장 가치 있는 친절이 아닐까요.

간혹 잘 웃지 않는 아이들이 있습니다.
무뚝뚝한 표정의 아이는
엄마에게 그런 표정을 보았을 가능성이 큽니다.
엄마들은 자신의 표정에 얼마만큼 관심을 가지고 있나요?
혹 육아에 지쳐 자기도 모르게
무표정으로 일관하고 있지는 않나요?

늘 웃는 행복한 표정의 엄마 얼굴은
아이에게도 그대로 옮겨갑니다.

매일 아침 거울을 보며 얼굴에 친절과 행복을 담으세요.
그런 모습으로 아이를 키운다면
아이 역시 당신을 닮은 얼굴로 자랄 것입니다.

성장 환경이 친절함을 좌우한다

나는 아이의 친절함에서
부모의 얼굴을 본다.

—와타나베 구니오

•

엄마를 통해 바라본 세상은 신기합니다.
아이는 난생 처음 보는 아주머니와 인사하는 엄마 옆에서
쭈뼛거리며 "안녕하세요."라고 말합니다.
그 아주머니는 처음 보는 아이의 머리카락을 쓰다듬으며
잘생겼다는 둥 똘똘하다는 둥 자꾸만 말을 시키지요.
그만 나를 내버려두라는 의미로 살짝 엄마 다리 뒤에
숨어보지만 그럴수록 아주머니는 더욱더 적극적입니다.
어른의 친절은 때때로 아이에게 너무나 당혹스럽습니다.

그 아주머니와의 첫 기억은
아이에겐 어땠을지 모르겠지만
다음번에 홀로 그 아주머니와 마주했을 때
아이는 자연스레 인사하게 될 것입니다.
밥은 먹었느냐고 물으면
자연스레 먹었다고 대답할 것이고
엄마는 뭐하시냐고
물으면 또 대답하며 대화를 이어가겠지요.
그러면서 아이는 더 이상
아주머니의 친절과 관심이 불편하지 않습니다.

•

양보와 배려를 가르치기엔 친구가 좋지만,
친절함을 가르치고 싶다면 부모가 아닌
다른 어른들과 만나게 해주세요.

주변에 어른을 유난히 어려워하고
어른에게 친절하지 못한 사람이 있다면 그는 분명
어린 시절 성장 환경 속에 부모 이외의 어른이
별로 존재하지 않았을 것입니다.

위대한 엄마를 위한
철학자의 조언

웃음은 가장 위대한
유산입니다

아이가 잘 웃는다면 나는 단연 그것이 가장 위대한 유산이라고 생각합니다. 웃음에 인색하지 않는 사람은 자신의 삶에서 절대로 겉돌지 않기 때문이지요. 방관자처럼 자신의 삶 밖에 서서 그 무엇에도 마음을 주지 않은 채 이방인처럼 살아가는 사람이 얼마나 많은가요. 아이가 잘 웃는 사람으로 크려면 엄마 자신부터 자주 웃는 얼굴이 되어야 합니다. 특별히 웃을 상황이 아니어도 입가에 미소를 짓는 연습을 해보세요. 아이로 인해 가끔은 우울하고 힘들더라도 엄마의 얼굴은 늘 환하고, 긍정적이어야 합니다. 매일 매일 아이에게 밝음을 선물하세요.

The Great
Question

마음이 아프다는 게 뭐죠?

아이 say

어른들은 가끔 마음이 아프다고 말해요. 마음이 아프다는 건 뭘까요? 의자에 팔을 부딪치면 아프듯이 마음도 찌릿 찌릿 아픈 느낌이 드나요?

엄마 say

마음이 아프면 여러 가지 증상이 나타난단다.
맛있던 밥이 갑자기 맛없어지고 걸음걸이도 씩씩하지 못하지. 좋아하던 장난감이 싫어지기도 할 거야.

아이도 마음이 다치는 순간이 있다

엄마가 모르는 수많은 순간
아이도 마음에 상처를 입는다.

—시바타 마사요시

•

마음이 아프다는 의미를 잘 모르더라도
마음을 다칠 수는 있습니다.
마음은 몸과 달라서 아프기 전에 조심하기가
매우 어렵기 때문입니다. 아이에게도 하루 동안
수차례 아픈 순간들이 있을 겁니다.

육아가 힘들어질수록 아이도 똑같이 힘드니까요.

어른들이 마음을 다쳤을 땐 여러 가지 반응을 보입니다.
지나치게 과장된 행동을 보이거나
갑자기 말수가 줄어드는 경우도 있지요.
마음을 회복하는 데도 각기 다른 방법을 찾습니다.
그렇다면 아이는 어떨까요?

•

아이가 마음을 다쳤을 때 보일 수 있는 행동은 단 하나,
우는 것입니다. 아이는 즉각적인 존재입니다.
감정을 너무 빨리 드러내고 표현합니다.
감정을 숨길 수 있는 것은 어른뿐입니다.
감정이 생기면 그대로 드러내기 때문에
회복하는 속도 역시 놀라울 만큼 빠릅니다.
언제 울었냐는 듯 금세 눈물을 그치고 웃지요.

어린아이에게 마음이 다칠 일이 뭐 그리 많겠느냐고
생각할지도 모릅니다.
하지만 어른의 세상과 아이의 세상은 전혀 다른 세계입니다.

먹던 감자를 흙바닥에 떨어뜨린 일이
아이에게는 청천벽력과도 같은 충격일 겁니다.

오늘, 어떤 순간 아이가 마음을 다쳤다면
어른의 세상이 아닌 아이의 세상으로 들어가
이해하고 공감해주세요.

마음의 통증은 유익한 것이다

가끔 마음이 아픈 것도 괜찮다.
보다 멋진 어른이 될 수 있기 때문이다.

—가시와바타 다쓰야

•

가끔 마음이 아픈 것도 나쁘지 않습니다.
아픈 것을 통해 뭔가를 배우고 성숙해지는 건
아이도 마찬가지이니, 괜찮습니다.
실컷 운 아이는 울기 전보다 한 뼘 더 성장해 있을 겁니다.
그런 경험이 있지 않나요.
가슴이 답답했는데 울고 난 뒤
뭔가 시원해진 기분이 들 때 말입니다.
떼를 쓰느라 보이는 눈물이 아니라면 마음의 통증은
아이의 성장에 하나의 과정일 뿐입니다.

아이의 최근 고민거리나 관심사가 무엇인지 물어본 적 있나요?

아마 아이는 기다렸다는 듯 엄마에게
조잘대며 털어놓을 것입니다.
어른의 귀가 아닌 아이의 귀로 그 말을 듣다 보면
지금 아이가 어떤 것을 원하고 있는지,
어떤 것을 부족하게 느끼는지 알 수 있을 것입니다.
아주 작은 새에게도 고민은 있습니다.
하물며 하얗게 이가 나고, 말도 하고, 뛰기도 하는 아이에게
고민이 없다는 건 말도 안 되는 일입니다.

•

비슷한 연령의 아이를 키우는 엄마들은 육아에 대한
서로 다른 고민거리를 나눕니다.
오늘 아이가 이랬는데 어떻게 해야 할지 정보를 공유하지요.
조금 더 아이에 대해 알고자 하는 노력일 겁니다.
아이도 아이끼리 둘러앉아
고민을 나눌 수 있다면 얼마나 좋을까요?
세 살짜리 아이로 살아가는 것이 가끔은
너무도 피로한 일임을 어른들은 모르는 것 같습니다.

오늘 엄마가 내 마음도 몰라주고 이랬다,
요즘 귀저기를 떼는 게 여간 힘든 일이 아니다,
초콜릿만 먹고 살 수는 없을까,
맛 없는 호박 볶음을 그만 먹고 싶다 등

이야깃거리는 아마 넘쳐날 겁니다.

위대한 엄마를 위한
철학자의 조언

엄마의 마음 일기장

아이를 키우는 일이 문득 지칠 때마다 아이의 마음뿐만 아니라 엄마도 스스로의 마음을 컨트롤하고 살펴봐야 합니다. 엄마가 행복한 현재를 살아야 아이도 지금 이 순간 행복할 수 있어요. 육아에 지친 엄마라면, 마음 일기장을 만들어보면 어떨까요. 매 순간 아이로 인해 감격하고 좌절했던 순간들을 짧게 노트에 적어보세요. 요즘엔 SNS가 워낙 활성화되어 있지만 그것보다는 손으로 직접 써보는 것을 권합니다. 감정을 종이 위에 글로, 손으로 꾹꾹 눌러 적는다는 것은 그때의 순간을 다시 재현하는 아주 의미 있는 행동입니다. 종이와 연필이 주는 위로 역시 의외로 대단하답니다.

The Great
Question

훌륭한 사람은 당근을 잘 먹나요?

아이 say

카레는 참 좋은데 그 속에 든 당근은 정말 싫어요. 훌륭한 사람은 편식 안 하고 다 먹나요? 양파도 먹고 오이도 먹고 당근도 먹으면 정말 튼튼해지나요?

엄마 say

당근을 만져보렴, 아주 딱딱하지? 맛은 어떠니? 조금 쓰기도 하고 단맛도 나지? 큼직한 당근을 아주 작게 잘라보렴. 왜 모든 당근은 주황색인지 아니?

억지로 먹이지 마라

당근을 먹이고 싶거든
아이와 함께 키워보라.

—와시다 기요카즈

•

먹지 않는 당근을 먹이기 위해 엄마들이 하는 수많은
거짓말을 듣고 있으면 웃음이 절로 납니다.
당근 한 조각을 들고 우주선 흉내를 내면
아이는 까르르 웃음이 터집니다.
나는 음식에 있어서는 아이가 그것을 싫어한다면
억지로 먹일 필요가 없다고 생각합니다.
유난히 아이가 먹지 않는 음식이 있다면
함께 키우거나 요리를 해보라고 말해주고 싶습니다.
싫어하던 당근을 직접 키우고 요리했을 때
아이는 당근과 친밀해집니다. 먹이는 건 그 다음이지요.

•

키우고 요리를 하면서 당근과 친밀해진 아이는
그 전보다 당근이 두렵지 않습니다.
왠지 맛있어 보이기도 할 겁니다.
입으로 넣는다는 것은 그것에 대한 거부감이나 두려움이
하나도 없을 때 가능합니다. 어른도 그렇지 않나요.
뭔가 이상하다는 생각이 들면 감히 입에 넣지 못합니다.
건강하게 키운다는 명목으로 억지로 먹이는 당근은
아이 정서에 결코 좋지 않습니다.
아마 당근에 강한 트라우마가 생겨서
어른이 된 다음에도 절대로 당근을 먹지 않을지도 모릅니다.

음식은 아이에게도, 어른에게도
즐거운 것이어야 합니다.

나는 식탁 위에서 종종
엄마의 폭력성을 발견하곤 합니다.

먹이려는 엄마와 먹지 않으려는 아이,
그 팽팽한 줄다리기 속에서 엄마는 슬슬 화가 납니다.
정성껏 만든 시금치는 거들떠보지 않고
소시지만 계속 집어먹는 아이가
야속하게 느껴지기도 하지요.
아이가 유독 편식이 심하다면
"훌륭해지려면 당근을 먹어야 해."라는
우스꽝스러운 거짓말 대신
아이와 함께 그것을 키우거나 요리를 해보세요.

식탁은 학교가 아니다

**먹어야 할 음식은 지나치게 많다.
아이에게 무척 괴로운 일이다.**

—노에 게이치

•

모든 음식을 태어나 처음 맛보는 아이에게는
과일이, 음료수가, 아이스크림이, 솜사탕이
엄청난 환희와 놀라움입니다.
음식에 대해 지나치게 엄격한 것은 좋지 않습니다.

아이도 음식이 주는 위로나 기쁨을 알아야 합니다.

먹기 싫은데 먹어야 하는 음식들에 둘러싸여
매일 엄마가 지켜보는 식탁 위에서 해야 하는 식사라니.
소화는 제대로 될 수 있을까요?

요즘 부모들은 왜 그렇게 심각한가요?
당근 좀 안 먹는다고 해서 아이가
어떻게 되는 것은 아닌데 말입니다.
뭐든 잘 먹는 사람은 많지 않습니다.
싫어하는 음식이 있고 좋아하는 음식이 있지요.
나는 아이의 자율성을 존중해야 한다고 생각합니다.
부당하게 굴거나 예의에 어긋난 행동만 하지 않는다면
어느 선까지는 아이의 의사를 따르는 게 맞습니다.

당근을 먹이기 위해 아이에게
스트레스를 주는 것은
마치 벌레 하나 잡겠다고
숲 전체를 태우는 것과 무엇이 다를까요.

•

매일 식탁 위에서 먹는 기쁨을 아이와 함께하세요.

식탁은 엄격한 교육이 아닌
무한한 즐거움이 존재해야 하는 장소입니다.

그 어떤 간섭 없이 자유롭게 먹게 하세요.
무엇을 싫어하고 좋아하는지만 관찰하세요.
그런 후 아이가 요리를 할 만한 정도가 되면
함께 식사 준비를 하세요.
유독 먹지 않는 재료를 사용하는 게 좋겠지요.
직접 차린 음식을 즐겁게 먹는 경험,
먹거리에 대해 그것만큼 좋은 교육은 어디에도 없습니다.

위대한 엄마를 위한
철학자의 조언

엄마도 싫어하는 음식은 먹지 않습니다

주변에 유독 오이를 먹지 않는 친구가 있습니다. 오이 특유의 식감이 영 불편하다는 이유 때문입니다. 어린 시절부터 오이를 먹지 않았느냐고 물으니 또 그것은 아니랍니다. 어릴 적 싫어했던 콩은 나이가 들며 좋아지더라는 얘기를 듣고 한참을 웃었던 기억이 납니다. 엄마에게도 싫어하는 음식이 있지 않나요? 음식에 대한 기호는 자연스레 바뀌고 변화합니다. 엄마 자신도 먹기 싫은 건 안 먹으면서 아이에게만 편식하지 말라고 하는 것은 참 아이러니한 상황입니다. 아이를 자신과 동등하게 바라본다면 무엇이 교육이고 무엇이 강요인지 구분할 수 있습니다.

The Great
Question

철학자는 뭐하는 사람인가요?

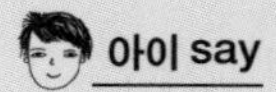

철학자는 뭐하는 사람인가요?
나도 이다음에 커서 어른이 되면 철학자가 될 수 있나요?

엄마 say

토끼와 거북이 이야기 알지? 동화책 속에서 느릿느릿 걸어가는 거북이를 보았을 거다. 철학자란 거북이처럼 생각을 아주 느리게 하는 사람이란다. 생각을 느리게 하면 누구나 철학자가 될 수 있어.

엄마가 철학자가 되어갈 때

아이를 좀 더 이해하고 싶다면
기꺼이 철학자가 되어야 한다.

—도다야마 가즈히사

•

나는 엄마들에게 지금보다 행복해지기 위해
철학자가 되어야 한다고 말합니다.
그것은 육아를 위해 육아에서 벗어나는 일과 같지요.
아이에 대해 느리게 생각하고 지금보다
훨씬 엉뚱해질 것을 권합니다.
아이와 육아 때문에 스스로 점점 무거워지는 것은
얽혀버린 실타래를 더욱 더 단단히 묶이게 할 뿐입니다.

다른 엄마들은 하지 않는 질문을 아이와 나눠야 하고
세상의 모든 현상을 새롭게 바라봐야 합니다.

엄마 자신부터 가벼워져야 합니다.

철학자와 철학자가 아닌 사람은 어떻게 다를까요?
아주 간단합니다.
가령 "도넛이 빙글빙글 돌 때 구멍도 도는 걸까?"라고
묻는 사람은 철학자입니다.
그리고 "숙제는 다 했니?"라고 묻는 사람은
철학자가 아니지요.
철학자의 질문에 아이는 눈을 반짝이며 생각하기 시작합니다.
하지만 철학자가 아닌 사람의 질문에
아이의 눈은 금방 빛을 잃지요.
교육이란 무엇인지에 대한 큰 깨달음은 여기에 있습니다.

느리게 생각하는 엄마의 곁에서 아이는 스스로
역시 느린 사람으로 성장합니다.
'빨리' 와 '잘' 에 익숙해진 아이는
속도만 배울 뿐 방법에는 취약합니다.
스스로 어떤 것을 골똘히 고민하는 일에 어려움이 크지요.

엄마는 아이에게 철학자가 되는 법을 배우고,
아이는 철학자가 된 엄마 곁에서
철학자의 시선을 잃지 않는 것.

아이를 키우는 참모습은 그런 것이 되어야 합니다.

기술보다 방법을 아는 아이로

한글을 떼는 것보다 중요한 것은
말의 의미를 배우는 일이다.

—이리후지 모토요시

•

한 아이가 더 좋은 점수를 받기 위해
열 가지 정답을 찾는 법을 배웠습니다.
부지런히 기술을 익힌 결과죠.
엄마는 잘했다며 칭찬을 해줍니다.
하지만 한 가지 질문에 대한 답을 자신만의 생각으로
채워야 할 때 아이는 와르르 무너집니다.
문제의 본질에 조금만 가까이 다가가도 쭈뼛거리죠.
학교 수업 시간에 선생님의 질문에 손을 들어 대답하는
아이가 거의 없는 것도 바로 이런 이유입니다.

정답을 찾기보다 자신의 생각을
이야기할 수 있는 아이가 더 크게 자랍니다.

크게 자란다는 것은
스스로의 삶에 주인이 되는 것을 말합니다.
사람들 중에는 자신의 삶에서 마치 스스로가
이방인인 것처럼 멀찍이 떨어져 있는 이들이 있습니다.
늘 누군가의 시선 아래에서 살려고 하죠.
정답을 찾는 기술에만 익숙해져 정작 내면이
텅 비어버린 어른이 되어버린 것입니다.
그들은 삶에 있어 자신만의 가치관을 세우지 못합니다.

•

생각할 줄 아는 힘을 가르치세요.

늘 가슴 속에 물음표를 담고 사는 아이,

어려운 순간이 닥쳤을 때
엄마를 부르기보다는
스스로 방법을 고민할 줄 아는 아이로 키우세요.

말을 배우기 시작할 때 중요한 것은 더 많은 단어를
구사할 줄 아느냐가 아니라 몇 가지의 말이라도
그 의미를 제대로 알고 쓰는 것입니다.
그런 아이라면,
어떤 상황에서든 상대를 배려하지 않고
경솔하게 말하는 어른은 결코 되지 않을 것입니다.

위대한 엄마를 위한
철학자의 조언

미안해, 고마워, 사랑해

사람들은 철학자라고 하면 어렵고 심오한 말만 하는 사람이라고 생각합니다. 하지만 그 반대이지요. 철학자가 보기에는 오히려 철학자가 아닌 사람들이 말을 어렵고 복잡하게 합니다. 마음 그대로를 바라보지 않고 자꾸만 멋을 내려 합니다. 아이에게 말을 가르칠 때는 이것을 주의해야 합니다. 어른인 우리가 보기에 가장 쉽고 아름다운 말들은 무엇인가요? 어떤 말을 들었을 때 기분이 좋은가요? 나는 그 말의 기초가 고마워요, 미안해요, 사랑해요라고 생각합니다. 하루에 한 번씩은 아이에게 꼭 저 말을 들려주세요. 어려운 공룡 이름은 당신이 굳이 알려주지 않아도 됩니다. 아이 스스로 놀라울 만큼 빠르게 외워버릴 테니까요.

The Great
Question

행복이란 무엇인가요?

아이 say

아빠는 집에만 오면 까끌까끌한 턱을 제 얼굴에 마구 부비면서 계속 행복하다고 말해요. 그러면 엄마는 옆에서 계속 웃기만 해요. 행복하게 산다는 건 뭘까요?

엄마 say

토끼와 거북이 이야기 알지? 동화책 속에서 느릿느릿 걸어가는 거북이를 보았을 거다. 철학자란 거북이처럼 생각을 아주 느리게 하는 사람이란다. 생각을 느리게 하면 누구나 철학자가 될 수 있어.

엄마는, 너로 인해 행복하다

**행복은 우리가 느끼는 만큼
딱 그만큼만 다가온다.**

—쓰지야 겐지

•

아이를 낳고 키우는 동안
당신은 얼마만큼 행복하게 지냈나요?
몽글몽글한 아이와 처음 만났던 날,
그 아이가 세상 밖으로 나와 첫 울음을 터뜨리던 날,
그리고 그 아이로 인해 처음 울었던 날,
웃었던 수많은 순간들.

아이를 낳으면서 엄마는 세상을 다시 배웁니다.

지금까지 살았던 순간들은 다른 세계에 두고
아이가 선물한 새로운 세계에 발을 들여 놓지요.
그것은 엄마가 아니면 알지 못할 엄청난 축복입니다.

•

아이가 입을 오물거리며
처음 모유를 먹기 시작할 때
엄마는 행복이란 무엇인지 배웁니다.
그 작은 손으로 엄마 손을 꽉 움켜 쥘 때는 또 어떤가요.
옹알이를 하면 그 소리가 다 내게 하는 말같이 들립니다.
아이가 좀 더 자라면 엄마들은
단순히 먹이고 입히는 일에서
나아가 '역할'이라는 것을 하게 됩니다.
세상을 살아가는 데 필요한 것들을 하나씩 가르쳐야 하죠.
하지만 조심해야 합니다.

그 역할에 지나치게 몰두하다 보면
안타깝게도 행복은 조금씩 밀려나게 되니까요.

•

당신은 하루에 몇 번씩
아이에게 애정을 표현하나요?
사람은 누군가에게 애정을 충분히 받을 때
심리적으로 안정되고 행복하다고 느낍니다.
아이에게 늘 무뚝뚝하게 굴면서
바라는 것만 많은 부모만큼 최악인 것도 없습니다.
아이의 눈을 보고 손을 잡고 살을 부비면서
'나는 너로 인해 행복하단다.'
'너는 소중한 존재란다.'라고 말해주세요.
아이는 그렇게 행복이 무엇인지 배울 겁니다.
다른 사람에게 사랑을 주는 데
인색하지 않은 어른이 됨은 물론이고요.

시간은 지금 이 순간에도 흐른다

**행복은 소중한 무엇인가를
서서히 잃어가는 정경일지도 모른다.**

—아메미야 다미오

•

시간은 참 빨리도 흘러갑니다.
여기서 더는 자라지 말고 멈췄으면 좋겠는데
야속하게도 아이는 하루가 다르게 성장합니다.
좋을 때, 한창 예쁠 때라는 어른들의 말이
이렇게 와 닿을 때도 없을 겁니다.
나는 종종 엄마들이 아이와 놀이터에서 노는 모습을
보고 있노라면 행복이란 소중한 무엇인가를
떠나보내는 것일지도 모른다는 생각을 합니다.
그것을 아름답게 잃어가기 위해 인간은 저토록
최선을 다해 살아가고 있는 것일지도 모른다고요.

•

미끄럼틀과 시소를 타면서 아이들을

까르르 하고 웃음이 터집니다.

조금만 일그러진 얼굴로

과장되게 행동해도 자지러지고는 하지요.

작은 곤충에도 갑자기 내리는 비나 천둥소리에도

온 힘을 다해 감탄하고 놀랍니다.

이 예쁘고 귀한 시간을 붙잡을 수 있다면

얼마나 좋을까요.

내가 아이에게 받은 만큼

행복한 순간들을 아이에게 선물하고 싶은데

엄마는 도통 방법을 알 수가 없습니다.

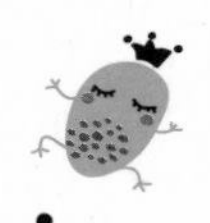

•

아이에게 행복을 가르치는 유일한 방법은
엄마 스스로가 행복한 것입니다.

엄마의 손끝과 눈빛에서 행복이 흘러나오는데
품 안의 아이가 행복하지 않을 리 있을까요?
잘 웃는 엄마 곁에서는 밝고 유쾌한 아이가,
화를 잘 내는 엄마 곁에서는 예민한 아이가 자랄 뿐입니다.
너무 빨리 자라는 것 같아 괜히 마음이 먹먹해질 때
아이를 번쩍 들어 올려 보세요.
신이 난다고 빙글빙글 돌려달라고 웃어대는
아이를 바라보며 그저 함께 웃어보세요.
육아에 있어 심각함은 가장 큰 적입니다.

위대한 엄마를 위한
철학자의 조언

아빠도
행복하고 싶어요

이따금씩 안타까운 풍경을 보곤 합니다. 아이와 엄마는 친밀한데 아빠는 좀처럼 육아에 발을 들이지 못하는 모습 말입니다. 사실 아빠도 아이와 친해지고 싶고 엄마보다 아빠를 더 좋아한다고 말해주기를 기대합니다. 육아에 매달려 부부 관계도 소원해지고 아이는 엄마만 찾는 상황이 되면 아빠는 가정이라는 울타리 밖으로 어느 순간 떠밀려버립니다. 혹시 아빠가 행복의 원 밖에서 서성이고 있지는 않은지 살펴주세요. 아이가 지나치게 엄마만 찾는다면 아빠와의 단둘만의 시간을 만들어주는 것도 좋은 방법입니다.

The Great
Question

믿는다는 건 어떤 거죠?

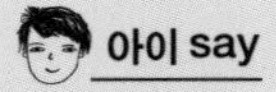

엄마는 늘 나를 믿는다고 말해요.
아빠도 나를 믿는다고 말해요.
믿는다는 건 어떤 건가요?

엄마 say

세상에는 참 나쁜 단어들이 몇 개 있단다.
거짓말, 의심, 다툼, 질투 등이 그런 것들이지. 그것들을 한순간에 사르르 하고 사라지게 할 수 있는 것, 그것이 바로 믿음이라는 거야.

아이가 엄마에게 보내는 신뢰만큼

아이를 믿어주는 것은
그 아이가 가진 세상을 인정하는 일이다.

—다지마 마사키

•

사랑, 꿈, 기쁨, 감사, 행복, 친절, 배려, 예절, 겸손…
아이에게 가르쳐야 할 것들은 무척 많습니다.
그것은 수학이나 과학처럼 정해진 이론으로
존재하지 않아서 알려주기가 영 곤란하지요.
여기, 아이에게 가르쳐야 할 골치 아픈 것이
하나 더 있습니다. 바로 믿음입니다.
아이가 성장하면서 부모들은 아이에게
너를 믿는다는 말을 자주 합니다.
나는 그 말이 때론 속박처럼 들립니다.
마치 나는 너를 믿으니 절대로 실망시키지 말라는
경고처럼 들리기도 하지요.

•

사랑과 친절, 겸손 등이 그렇듯이
믿음 역시 입 밖으로 소리 내어
가르칠 수 있는 것이 아닙니다.

받아쓰기를 할 수 있는 것도, 평생을 노력해도
100점을 맞을 수 있는 것도 아니지요.
믿음은 먼저 보여주는 것으로 가르쳐야 합니다.
눈빛으로 목소리로 손길로
당신의 순수한 믿음을 보여주세요.
너를 믿는다는 것을 긴 시간을 통해 보여주면
아이 역시 부모에 대한 신뢰가 단단해집니다.

믿음은 시간이 제법 걸리는 일이므로
성미가 급한 사람은 아이에게 또 "나는 너를 믿는다."고
선불리 말할지 모릅니다.
아이에게 믿음을 보여주는 방법은 뭘까요?
아주 쉽습니다.
아이가 하는 말을 듣고 고개를 끄덕여주면 그뿐입니다.
신뢰 가득한 눈빛으로 바라보면 더욱 좋겠지요.
가끔 신뢰에 조건을 다는 부모들이 있는데
아주 고약한 습관입니다.
부모의 무한한 신뢰를 받고 자란 아이는
스스로 흔들리지 않는 가치관을 만듭니다.
그것은 아이에게 있어 최고의 유산이 아닐까요.

친구와 형제를 믿을 줄 아는 사람으로

부모를 향한 아이의 신뢰는 무한하다.
어려운 것은 또래와 형제에 대한 것이다.

—노에 게이치

•

아이는 부모에게 무한한 신뢰를 보내는 반면
또래 친구들이나 형제에 대한 신뢰는 약한 편입니다.
관계가 제대로 형성되지 않았다면 지극히 당연한 일입니다.
어른들도 별로 돈독하지 않은 사람을 깊이
신뢰하지 않는 것과 같습니다.
주변을 보면 불미스러운 일이 생겼을 때
내 자신의 실수나 잘못부터 돌아보기보다는
상황이나 사람부터 의심하는 사람이 있습니다.
형제간에도 마찬가지입니다.
아이가 그런 어른으로 자란다면 어떨까요?

간혹 식당에서 형제끼리
음식을 서로 먹여주게 하는 부모들을 보곤 합니다.
자신의 손 안에 있는 것을 먼저 상대에게 주고,
나의 차례를 기다리는 것이지요.
동생 먼저 먹여주자며 부모가 손을 떼는 순간
대부분의 아이가 거의 반사적으로
음식을 자기 입으로 가져갑니다.
한 번 실패한 부모들은 또다시 시도를 합니다.
결국 두세 번 만에 어렵게 성공합니다.

나는 그 광경을 두고
믿음을 가르치는 순간이라고 말합니다.

•

어찌 보면 조금 감동적이기도 합니다.

부모와 형제, 또래의 친구를 통해 믿음이라는 것을

처음 배운 그 찰나의 순간에 아이의 모습은

얼마나 기특하고 어여쁜가요.

내 것을 주고난 뒤 기다리는 마음,

상대도 나에게 줄 것이라는 그 마음은 바로 믿음입니다.

한 번 그것을 경험한 아이라면 다음번엔 자신의 입이 아닌

형제의 입에 기꺼이 음식을 건네줄 테지요.

나는 그 어떤 화려한 교육의 현장보다
이런 소소한 풍경들이
가장 위대하게 느껴집니다.

위대한 엄마를 위한
철학자의 조언

아이에게 내 것을 준다는 것의 의미

소중한 장난감을, 맛있는 음식을, 좋아하는 그 어떤 것을 친구나 형제에게 준다는 것은 아이에겐 몹시, 아주 대단한, 무척 어려운 일입니다. 가장 좋아하는 초콜릿 아이스크림을 먹는 아이에게 엄마도 한 입 달라고 말을 걸어보세요. 아마 아이는 숨도 안 쉬고 아이스크림 통을 숨기거나 고개를 좌우로 흔들며 단호한 표정을 지을 것입니다. 이런 아이의 모습에 배신감을 느껴 너무 상심하지는 마세요. 아이에게 내 것을 준다는 것의 의미는 어른들의 생각, 그 이상입니다. 잠들기 전 아이에게 물어보세요. 오늘 누군가에게 무엇을 주었는지, 어떤 것을 먼저 양보했는지, 나의 무엇을 상대에게 주었는지, 그리고 그때의 기분이 어땠는지를 말입니다.

The Great
Question

저녁이 되면 왜 집으로 돌아가야 하나요?

아이 say

놀이터에서 친구와 신나게 놀고 있는데 이제 집으로 가야 한데요. 어두워지면 왜 집으로 가야 하나요? 나는 조금 더 놀고 싶어요!

엄마 say

돌아갈 곳이 있다는 게 얼마나 좋은 일인지, 기다려주는 사람이 있다는 게 얼마나 반가운 일인지 언제쯤이면 네가 알 수 있을까?

집의 감사함을 알게 하는 일

신나게 노는 아이에게 이제 그만 집으로
가야 한다는 사실보다 더 끔찍한 일은 없다.

—다지마 마사키

•

대부분 아이들은 태어나서
많은 것을 자연스레 누리게 됩니다.
아빠와 엄마, 아늑한 보금자리,
그 누구도 아이를 사랑하지 않는 사람은 없지요.
모든 것은 아이에게 최적화되어 제공됩니다.
아이에게 최고의 것만 주고 부족함 없이 키우고
싶은 마음이야 누구나 똑같을 겁니다.
하지만 욕심이 지나치면 아이는 자칫 부모가 제공한
안락함을 당연하게 생각할 수도 있습니다.

•

머물 수 있는 곳, 쉴 수 있는 곳, 나를 기다리는 곳,
내가 가야할 곳이 있다는 사실이 감사한 것임을
깨닫는다면 아이는 이미 어른이 된 것이겠지요.
집으로 가야 한다는 것은 아마도 아이에게는
기쁨보다 아쉬움일 겁니다.

친구와 정성들여 만든 두꺼비집을 두고
이제 그만 집으로 돌아가 씻고
잠을 자야 한다는 사실은
아이에게 얼마나 끔찍할까요.

아마 아이는 열심히 가계부를 적는 엄마 옆에 누워
소중한 두꺼비집을 누가 망쳐놓진 않을지 걱정할 겁니다.

아이에게 집의 감사함에 대해 알게 하세요.
그러려면 집은 아늑하고 편하고 좋은 곳이라고
아이 스스로 생각해야 합니다.
만약 집이 숙제를 해야 하는 곳,
영어 공부를 해야 하는 곳,
맛없는 음식을 매일 먹어야 하는 곳,
친구와 더는 놀 수 없는 곳이 된다면 어떨까요.
아이는 아마 절대로
집에 돌아오고 싶지 않을 겁니다.

지금, 아이는 집에 대해
어떤 생각을 가지고 있을까요?

가장 즐거운 공간으로서의 집

아이의 시선에서 집은
즐거움으로 가득해야 한다.

―노에 게이치

•

당신에게 집은 어떤 의미를 가진 공간인가요?
아마도 당신에게 집이란
아이와 함께 살아갈 소중한 보금자리,
언제고 돌아올 수 있는 안식처일 겁니다.
그렇다면 아이에게 집은 어떤 공간일까요?
주변을 한 번 둘러보세요.
아이의 눈높이에서 지금의 집은
얼마나 즐거운 공간일까 생각해보세요.

부모에게 최적의 공간이 아이에게 반드시
최고의 공간은 아닙니다.

•

아이가 집을 즐거운 공간으로 느끼는 데는
무엇이 필요할까요?
어떤 집에 가 보면 책장 가득 그림책이 꽂혀 있고
그 또래 아이들이라면 누구나 하나씩은 가지고 있다는
최신 유행하는 장난감이
거실에 즐비합니다.
나는 그런 것들에 둘러싸여 있는
아이를 보고 있노라면
어쩐지 안쓰럽다는 생각이 듭니다.
욕심쟁이 엄마는 과연 아이에게
충분한 즐거움을 준 것일까요?

•

어린이집이나 학교에 다니기 전까지

아이가 가장 오래 머무는 곳은 집입니다.

엄마와 하루 대부분의 시간을 집에서 보내지요.

그 공간이 즐겁기 위해 필요한 것은

그림책도 장난감도 아닌,

바로 엄마입니다.

엄마의 따스한 체온, 다정한 목소리, 웃음, 활기찬 몸짓이

집 안 곳곳에 머물게 해주세요.

최신 유행하는 장난감 하나 없이도

아이에게 집은 세상 가장 즐겁고

행복한 공간이 될 수 있으니까요.

위대한 엄마를 위한
철학자의 조언

누구를 위한 육아인지를 생각하세요

어떤 엄마들은 자신의 만족을 위해 아이에게 비싼 장난감을 사주기도 합니다. 이웃집 누구는 아이에게 얼마짜리 전집을 사주었다더라, 무슨 장난감이 유행이라더라 하는 정보에 유난히 민감하게 반응하며 내 아이에게 부족함 없는 엄마가 되기 위해 노력합니다. 아이를 키우는 일에 있어 어느 정도의 모방은 초보엄마에게 길을 터주는 좋은 팁이 됩니다. 하지만 모방이 지나치면 내 아이를 육아법에 맞추는 꼴이 되고 맙니다. 무한한 가능성을 가진 놀라운 아이라는 존재를 심심하고 재미없는 틀 안에서 또 하나의 '누구'로 자라게 하지 마세요.

The Great
Question

넘어졌을 때 왜 울지 말아야 하죠?

아이 say

길 가다 넘어졌는데 너무 아파 눈물이 났어요. 그런데 아빠가 넘어지면 울지 말고 벌떡 일어나 옷을 털어야 한데요.

엄마 say

놀이터에서 멋진 형아를 본 적이 있니?
힘도 세고 씩씩해서 넘어져도 절대 울지 않지. 이제 곧 학교에 가려면 형아처럼 넘어져도 절대 울지 말아야 해.

아이는 모방을 통해 이겨낸다

넘어진 아이가 울지 않고 일어날 때
우리는 작은 우주의 탄생을 목격한다.

—노에 게이치

•

아이로서는 참으로 이상한 일이 아닐 수 없습니다.
넘어지면 아프고, 아프면 눈물이 나는데
어른들은 왜 울지 말라고 하는 건지 의아할 수밖에요.
그때 부모가 아이에게 가르치고 싶었던 것은
눈물을 그치는 것이 아니라 일어서는 법이었을 겁니다.
넘어진 자리에 주저앉아 우는 아이를 달래는 것보다
더 힘든 것은 묵묵히 아이를 바라보는 일입니다.
아이가 울음을 그치고 스스로 일어설 때까지
아무것도 하지 않는 것이
부모에게는 왜 그리 어려운 일인지요.

•

아이는 참 신비롭습니다.
세 살이던 아이가 네 살이 되었을 때,

그저 한 해가 지난 것뿐인데 아이는
몰라보게 용감해지지요.

조금만 부딪히거나 넘어져도 자지러지던 아이가
울지 않고 일어나 아무렇지 않게 가던 길을 갈 때,
씩씩하게 옷에 묻은 흙을 터는 모습을 볼 때

나는 작은 우주가 탄생하는 것 같은 기분이 듭니다.

왠지 모를 쓸쓸함이 느껴지기도 하지요.
아이가 자란다는 것은 부모의 도움이 점점
필요하지 않다는 의미이기 때문입니다.

아이들은 유독 '형아' 나 '누나' 를 좋아합니다.
놀이터에서 우연히 만난 형아나
옆집에 사는 누나는 어쩜 그리도 멋져 보이는지요.
형아가 하는 것이면 무엇이든 따라 하고 싶고
나도 얼른 커서 누나처럼 되고 싶습니다.

비로소 아이에게 모방이 시작되는 시기입니다.

시련이나 어려움을 스스로 이겨내는
아이로 키우고 싶다면
주변의 형아나 누나들의 도움을 받는 것도
현명한 방법입니다.

넘어지는 아이, 일으켜 세우려는 엄마

넘어지는 아이를 안쓰러워 마라.
어른들도 종종 살면서 넘어진다.

—이리후지 모토요시

•

넘어진 아이의 손을 붙잡아 일으켜 세우는 것은
넘어져도 다시 일어설 수 있다는 사실을
알게 해주기 위함입니다.
시간이 좀 더 흐른 뒤 넘어져도
더 이상 일으켜 세워주지 않는 것은
혼자서도 일어설 수 있다는 것을 가르치기 위함이지요.
현명한 엄마는 행동으로 가르칩니다.
울먹거리는 아이에게 괜찮으니 어서 털고 일어나라고
아이를 독려하는 엄마의 마음, 실은 얼마나 미안할까요.

•

아이는 넘어지고 스스로 일어서는 일을 반복하면서
이것이 결코 울만한 일은 아니라는 사실을 깨달습니다.
자신보다 어린 아이가 울면 울지 말라고
다독이며 사뭇 듬직한 모습을 보이기도 합니다.
넘어졌을 때 왜 울지 말아야 하는지
궁금해 하는 아이라면
홀로 조금 더 많이 넘어져도 괜찮습니다.
일으켜 세우려고 애쓰지 마세요.

그저 아이가 공부를 하는 중이라고 생각하세요.
엄마가 보다 담대해질 때
아이 역시 더 크게 자랍니다.

•

아이는 다치면서 자라는 존재입니다.

어른이 된 우리도 매일

다치고 흔들리면서 살아가지 않나요.

너무 걱정할 일은 아닙니다.

아이는 어른보다 활기찬 존재입니다.

따뜻한 온실과 정해진 울타리 안에서

기꺼이 벗어나고자 하는,

온실과 울타리 밖의 세상을 두려워하지 않는 아이야말로

위대한 세계를 가진 흔들림 없는 사람이 됩니다.

위대한 엄마를 위한
철학자의 조언

혼자 힘으로 일어선
아이에게

내 손길 없이는 무엇도 할 수 없을 것 같던 아이가 홀로 할 수 있는 것들이 늘어날 때의 기쁨을 무엇에 빗댈 수 있을까요. 처음, 혼자 힘으로 무엇을 해낸 아이를 목격하게 되는 순간 어떤 엄마들은 가슴이 먹먹해진다고 말합니다. 그 순간은 마치 아이가 그 작은 입으로 처음 엄마, 아빠라는 말을 했을 때, 두 발로 처음 걸었을 때, 사방에 다 흘리긴 했지만 혼자 힘으로 밥을 먹었을 때와 같지요. 두 손으로 바닥을 짚고 일어나 울지 않고 다시 가던 길을 가는 아이의 모습을 보고 있노라면 마치 거대한 하나의 우주가 탄생하는 순간을 보는 것 같은 기분이 듭니다. 혼자 힘으로 일어선 아이에게 마음을 다해 칭찬해주세요. 혼자 이를 닦고 혼자 소변을 해결하고 혼자 바지를 입으며 자신의 삶을 조금씩 꾸려나가는 아이를 더 크게 감탄하며 응원하세요.

The Great
Question

엄마도 아이였던 때가 있나요?

아이 say

사진 속 엄마는 나처럼 작은데 지금 엄마는 왜 이렇게 커졌나요? 엄마도 어릴 적 나처럼 장난꾸러기였어요? 난 엄마 뱃속에서나왔는데 엄마는요?

엄마 say

엄마에게도 엄마가 있어. 엄마에게도 아빠가 있지. 너처럼 아주 작은 아이였을 때 엄마도 여기저기 잘 뛰어다니던 개구쟁이였단다.

아이와 함께 과거를 추억하는 일

아이는 추억을 이해하지 못한다.
그럼에도 추억을 공유해야 한다.

—다야마 가즈히사

•

아이들과 종종 앨범을 꺼내보세요.
할아버지, 할머니, 친척들의 얼굴이 담긴 사진을 보면서
마치 전래동화를 이야기하듯 아이와 대화하세요.
이건 누굴까, 이 사람은 누구지? 하고 물어보세요.
대답하는 아이보다 엄마가 더 깊은 추억에 잠기겠지만
지나온 시간을 아이와 공유하는 것만으로
그 시간은 충분히 아름답습니다.
단, 아이가 조금 더 자라면 '또 그 이야기라니!' 하는
표정으로 무관심해질지도 모르니
어릴 때 자주 자주 해두시기를.

•

아이는 추억을 이해하지 못합니다.
지난 일들을 이야기해준다고 아련한 눈빛으로
먼 상념에 잠기거나 하는 일은 없지요.
아이가 아무리 철학자와 가깝다 하더라도
그런 일은 결코 일어나지 않을 겁니다.

아이에게 엄마는 처음부터 엄마이지요.

처음부터 키가 큰 성숙한 어른입니다.
그런 엄마에게도 작은 아이의 순간이
있었다는 사실을 이야기해주세요.
그리고 언젠가 너도 손과 발이 자라
엄마처럼 키가 큰 어른이 될 거라고 말해주세요.

아이와 대화를 나누면서 엄마는
자신의 어린 시절을 떠올립니다.

그때 무엇이 참 좋았는지, 무서웠는지, 싫었는지,
엄마의 어떤 말이 참 따스했는지, 차가웠는지,
어른이 된 지금 어떤 순간의 기억이
가장 깊이 남아 있는지.

아이를 키우는 방법은 사실
엄마 내면에 이미 숨어 있습니다.
내 자신과 마주하고
마음을 깊이 들여다보면 비로소
그토록 보고 싶었던 아이의 마음도 보이지 않을까요.

자신을 통해 아이를 이해하자

아이가 힘겨워지는 순간
엄마는 비로소 자신의 엄마를 떠올린다.

―가시와바타 다쓰야

•

유독 육아가 힘겨워지는 순간이 있습니다.

최선을 다해도 도저히 안 될 때,
늘 부족한 엄마인 것만 같을 때,

왜 아이는 내 마음을 몰라주는지 야속한 순간도 있지요.
다른 엄마들은 다 잘하는 것 같은데 나만 허둥대는 건 아닌지
더 많은 책과 매체를 통해 육아 정보를 얻습니다.
나는 이런 엄마들의 죄책감이 굉장히 쓸데없다고 생각합니다.
아이를 키우는 일이 무거워지면 엄마는 아이에 대해
자꾸만 엄격해지고 결국 모두 지쳐버리고 맙니다.

•

내 뱃속으로 낳았어도
아이를 모두 이해할 수는 없습니다.
왜 떼를 쓰기 시작하는지, 무엇이 불만인지
모든 것이 풀리지 않는 수수께끼 같지요.
아이를 힘겨워하는 엄마들에게
나는 지난 시절 자신의 유년 시절을
잠시 돌아보라고 권합니다.
엄마 자신은 어떤 아이였는지.
기억이 나지 않는다면
엄마에게 전화를 걸어 물어보세요.

나는 어떤 아이였는지,
나를 키울 때 힘든 점은 없었는지,
그때마다 엄마는 어떻게 이겨냈는지를.

•

아마 엄마의 이야기는 엄마에게 그 무엇보다
큰 위로가 될 것입니다.
힘든 만큼 실컷 울어도 좋습니다.
엄마는 충분히 그래도 되는 존재입니다.

아이를 키우며 가끔은 엄마에게도
엄마가 필요한 순간이 있다는 사실을
스스로 깨달았으면 참 좋겠습니다.

아이를 낳고 부쩍 바쁘다는 이유로
친정엄마와 멀어지는 경우가 많은데,
사실 그 반대여야 합니다.
엄마는 지금의 나를 이토록 잘 키워낸
참 위대한 사람이 아니었던가요.

위대한 엄마를 위한
철학자의 조언

가끔 아이와 역할을 바꿔보세요

엄마로 살기 참 힘든 어느 날 아이와 역할놀이를 해보는 건 어떤가요. 아이가 엄마가 되고 엄마가 아이가 되어 하루를 살아보는 겁니다. 엄마가 된 아이 모습을 통해 엄마는 자신의 모습을 객관적으로 바라보게 됩니다. 아이에게 내가 이랬구나, 아이에게 난 이런 엄마였구나 하며 새삼 놀라게 될지도 모르지요. 아이에게 난 어떤 엄마일까에 대한 아주 확실한 해답이 될 겁니다. 아마 당신은 아이에게 굉장히 미안해지거나 민망해질지도 모릅니다. 세 살짜리 아이로 사는 게 그리 편한 것만은 아니라는 사실을 알게 될지도 모를 일이고요.

Epilogue

아이를 키우는 엄마에게 엉뚱하고 쓸모없는 질문은 없다

이 책에 21개의 질문들을 담으며 나는 '엉뚱하고' '쓸모없는' 것들에 대해 엄마들과 이야기하고 싶었다. 이 질문들은 어쩌면 아이가 엄마에게 던진 질문이 아니라 철학자인 내가 엄마에게 던지고 싶은 질문일 것이다. 아이와 좀 더 자주 대화하지 않는 그들에게, 아이의 키에 맞춰 시선을 낮추는 일에 서툰 그들에게, 매순간 아이의 말에 너무도 무심한 그들에게 잠깐이나마 멈춤의 시간을 선물하고 싶었다.

지혜와 진리는 아주 심플하기 마련이다. 멀리에 있지도 않다. 아주 가까이 사소한 순간에 발견할 수 있다. 육아도 마찬가지다. 아이를 키우는 일이 힘에 부칠수록 그 해답을 먼 외부에서 찾으면 안 된다. 나는 그 해답이 아이의 말 속에 있다고 생각하고 이 책을 썼다.

엄마가 의식하지 못하는 동안 매일 아이는 엄마에게 수십 가지의 질문을 던진다. 차마 책에 담지 못한 다른 질문들도 많다. 그 질문들을 놓치지 않고 친절하게 대답만 해줘도 아이의 상상력은 지금보다 훨씬 좋아질 것이다. 교육이란 그렇게 하는 것이 아닐까.

내가 보기에 요즘 엄마들은 자신의 아이에 너무 지쳐 있다. 충분히 잘하고 있음에도 죄책감을 느끼며 스스로의 육아를 무겁게 만든다. 엄마가 힘드니까 아이도 자연스레 힘들고 아이를 키우는 일은 말 그대로 노동이 되어버리는 것이다.

'엄마의 답' 에서 중요한 것은 얼마나 정확하게 대답해주느냐가 아니다. 아이의 질문이 엉뚱한 만큼 엄마의 답도 가지각색일 것이기 때문이다. 보다 중요한 것은 아이의 말을 얼마나 귀 기울여 들어주는지, 얼마나 친절하게 대답해 주느냐이다.

하루에 단 10분이라도 좋다. 엄마의 답을 기다리는 아이와 잠깐씩이라도 대화해보자. 그것은 엄마에게도 큰 위안이 될 뿐만 아니라 힘들었던 육아에 대한 해답을 찾을 수 있는 귀한 시간이 될 것이다.

이 책을 읽고 난 후 나는 당신이 어제보다 조금 더 수다쟁이가 되었으면 좋겠다. 집 안에 늘 물음표가 가득하고 상상 밖의 질문들로 부모와 아이 사이에 대화가 멈추지 않았으면 한다. 당신과 아이 사이에 엉뚱하고 쓸모없는 질문들이 점점 더 많이, 자주 생겨나기를 바라며, 지금도 충분히 좋은 부모인 당신의 보다 올바른 '키움'을 응원한다.

집필진 소개

엮은이

노야 시게키 • 도쿄대학교 졸업. 현재 도쿄대학교 대학원 종합문화연구과 교수.

지은이

가시와바타 다쓰야 • 오사카대학교 졸업. 현재 게이오대학교 문학부 교수.

간자키 시게루 • 도호쿠대학교 졸업. 현재 센슈대학교 교수.

구마노 스미히코 • 도쿄대학교 졸업. 현재 도쿄대학교 문학부 교수.

나가이 히토시 • 게이오대학교 졸업. 현재 니혼대학교 문리학부 교수.

노에 게이치 • 도호쿠대학교 졸업. 현재 도호쿠대학교 교양교육원 교수.

다지마 마사키 • 도쿄대학교 졸업. 현재 지바대학교 문학부 교수.

도다야마 가즈히사 • 도쿄대학교 졸업. 현재 나고야대학교 정보과학연구과 교수.

사이토 요시미치 • 게이오대학교 문학부 졸업. 현재 게이오대학교 철학과 교수.

시바타 마사요시 • 지바대학교 졸업. 현재 가나자와대학교 인문학부 교수.

스즈키 이즈미 • 도쿄대학교 졸업. 현재 도쿄대학교 대학원 인문사회계연구과 조교수.

쓰치야 겐지 • 도쿄대학교 졸업. 현재 오차노미즈여자대학교 명예교수.

시미즈 데쓰로 • 도쿄대학교 졸업. 현재 도쿄대학교 대학원 인문사회계연구과 특임교수.

아메미야 다미오 • 도쿄대학교 졸업. 현재 도쿄 해양대학교 명예교수.

야마우치 시로 • 도쿄대학교 졸업. 현재 게이오대학교 문학부 교수.

와시다 기요카즈 • 교토대학교 졸업. 오사카대학교 교수, 총장을 거쳐 현재 오타니대학교 교수.

와타나베 구니오 • 도쿄대학교 졸업. 현재 이바라키대학교 인문학부 교수.

이리후지 모토요시 • 도쿄대학교 철학과 졸업. 현재 아오야마가쿠인대학교 교수.

이세다 데쓰지 • 교토대학교 졸업. 현재 교토대학교 대학원 문학연구과 조교수.

이치노세 마사키 • 도쿄대학교 졸업. 현재 도쿄대학교 대학원 인문사회계연구과 교수.

후루쇼 마사타카 • 도쿄대학교 졸업. 현재 도쿄대학교 대학원 종합문화연구과 조교수.

대답하기 곤란한 아이의 질문, 엄마의 답

초판 1쇄 인쇄일 2015년 9월 8일 • 초판 1쇄 발행일 2015년 9월 15일
지은이 노야 시게키 • 옮긴이 김효주
펴낸곳 도서출판 예문 • 펴낸이 이주현
기획 김유진 • 편집 박정화
디자인 김지은 • 영업 이운섭 • 관리 윤영조 · 문혜경
등록번호 제307-2009-48호 • 등록일 1995년 3월 22일 • 전화 02-765-2306
팩스 02-765-9306 • 홈페이지 www.yemun.co.kr
주소 서울시 강북구 미아동 374-43 무송빌딩 4층

ISBN 978-89-5659-256-5 03590